FORSCHUNGSBERICHT DES LANDES NORDRHEIN-WESTFALEN

Nr. 2540/Fachgruppe Maschinenbau/Verfahrenstechnik

Herausgegeben im Auftrage des Ministerpräsidenten Heinz Kühn
vom Minister für Wissenschaft und Forschung Johannes Rau

Prof. Dr.-Ing. Wilfried König
Dr.-Ing. Willi Hönscheid
Dipl.-Ing. Frank Ulrich Meis

Laboratorium für Werkzeugmaschinen und Betriebslehre
der Rhein.-Westf. Techn. Hochschule Aachen
Lehrstuhl für Technologie der Fertigungsverfahren

Leistungssteigerung beim spitzenlosen Durchlaufschleifen

Westdeutscher Verlag 1976

Gesamtherstellung: Westdeutscher Verlag

ISBN-13: 978-3-531-02540-7 e-ISBN-13: 978-3-322-88301-8
DOI: 10.1007/978-3-322-88301-8

INHALT

1. EINLEITUNG

Das spitzenlose Schleifen wird in seinen beiden Verfahrensvarianten, dem Einstech- und dem Durchlaufschleifen, aufgrund seiner spezifischen Vorteile insbesondere bei der Serien- und Massenfertigung von rotationssymmetrischen Teilen immer häufiger eingesetzt [1, 2, 3, 4] .
Als typische Werkstücke, die meist mit Hilfe dieses Verfahrens bearbeitet werden, sind Präzisionsteile wie Wälzlagerrollen und -ringe, Düsennadeln, Kreuzgelenke, Ventilstößel sowie Achsen und Wellen in den verschiedensten Ausführungen zu nennen (Bild 1). Langes Stangenmaterial läßt sich überhaupt nur spitzenlos wirtschaftlich schleifen. Aufgrund einer erheblichen Steigerung der Zerspanleistung ist seit einigen Jahren die Fertigung profilierter Rundteile aus dem vollen Material in kurzer Zeit und mit großer Präzision möglich.
Der verfahrensbedingte Fortfall von Zentrierung und Einspannung des Werkstücks erlaubt einen hohen Automatisierungsgrad des Schleifprozesses bzw. eine kontinuierliche Bearbeitung im Durchlaufverfahren. Die wünschenswerte Wirtschaftlichkeit des Verfahrens ist vielfach jedoch nur dann gewährleistet, wenn der Aufwand für das Rüsten und Einrichten der Maschine gering gehalten werden kann, was allerdings bedingt durch den relativ komplexen Formbildungsprozeß und die Vielzahl der das Arbeitsergebnis beeinflussenden Größen nicht immer gesichert ist.
Für eine gezielte Maschineneinstellung erforderliche theoretische Grundlagen wurden bisher fast ausschließlich für das spitzenlose Einstechschleifen erarbeitet [5, 6, 7, 8, 9, 10] und in der industriellen Praxis auch mit Erfolg angewendet. Demgegenüber beruht die Maschineneinstellung für das Durchlaufverfahren bis heute

fast ausschließlich auf empirischen Methoden, deren theoretische Bestätigung bisher noch aussteht.
Eine Untersuchung dieses wichtigen Verfahrens muß daher auf einer mathematischen Analyse der geometrischen und kinematischen Gegebenheiten des Schleifspaltes aufbauen, um einerseits bisher empirisch gewonnene Erkenntnisse theoretisch zu untermauern und andererseits mit Hilfe der erarbeiteten theoretischen Grundlagen systematisch eine Optimierung der Maschineneinstellung vorzunehmen.

2. BESCHREIBUNG DER SCHLEIFSPALTGEOMETRIE

Die Schleifspaltgeometrie beim spitzenlosen Einstechschleifen kann, da Schleifscheibe, Regelscheibe und Werkstück zylinderförmig und mit parallelen Achsen zueinander angeordnet sind, in einem achsnormalen Schnitt als ebenes Problem behandelt werden.

Beim spitzenlosen Durchlaufschleifen dagegen ist die Regelscheibe nicht zylinderförmig und in einer Vertikalebene mit dem Neigungswinkel α verschränkt zu Schleifscheibe und Regelscheibe angeordnet. Diese Konfiguration muß räumlich betrachtet werden.

In Bild 2 ist dies zusammen mit einigen wichtigen geometrischen und kinematischen Kenngrößen schematisch dargestellt.
Die Höhenlage h des Werkstücks wird nun mit Rücksicht auf die praktischen Gegebenheiten an der Maschine definiert als Höhe der Werkstückmittellinie über den Mittelpunkten von Schleif- und Regelscheibe. Der Tangentenwinkel γ ist infolge der Neigung und der Form der Regelscheibe über dem Schleifspalt veränderlich.

Die Regelscheibe besitzt die Umfangsgeschwindigkeit

$$v_R = n_R \cdot \pi \cdot D_R \qquad (1)$$

mit n_R = Regelscheibendrehzahl
D_R = Regelscheibendurchmesser

in der eingezeichneten Richtung. In Abhängigkeit vom Neigungswinkel α teilt sich diese dem Werkstück als Durchlauf- oder Axialgeschwindigkeit

$$v_a = v_R \sin \alpha \qquad (2)$$

und als Umfangsgeschwindigkeit

$$v_w = v_R \cos\alpha \tag{3}$$

mit. Die Drehzahl des Werkstücks beträgt

$$n_w = \frac{v_R \cos\alpha}{\pi D_w} \tag{4}$$

mit D_w = Werkstückdurchmesser.

Als abgeleitete Größe ist für technologische Betrachtungen die Überschliffzahl

$$Ü = \frac{B_{seff}}{\pi \cdot D_w \cdot \tan\alpha} \tag{5}$$

mit B_{seff} = wirksame Schleifscheibenbreite

von Bedeutung. Sie bezeichnet die Anzahl der Umdrehungen, die das Werkstück im Schleifspalt ausführt.

Zur Definition der Zerspanleistung Z als abgeschliffenes Werkstoffvolumen/Zeit muß berücksichtigt werden, daß ein Werkstück auch Absätze, Zapfen o. ä. besitzen kann, die nicht gleichzeitig geschliffen werden. Die Durchlaufzeit dieser Abschnitte ist als verfahrensbedingte Nebenzeit zu werten, wobei das Verhältnis der effektiv zu schleifenden Werkstücklänge zur gesamten Werkstücklänge als Reduzierfaktor eingeht:

$$Z = \pi \cdot D_w \cdot \frac{\Delta D_w}{2} \cdot v_a \cdot \frac{l_{w_{eff}}}{l_w} \tag{6}$$

mit ΔD_w = Aufmaß für einen Durchgang.

Dieser Kennwert erlaubt eine Aussage über die mengenmäßige Leistung des gesamten Schleifprozesses. Er ist daher z. B. geeignet für die Kalkulation oder den innerbetrieblichen Verfahrensvergleich.
Für rein technologische Überlegungen kann Z, wie später noch zu erläutern sein wird, lediglich zur Abschätzung der die gesamte Maschine belastenden Schnittkräfte herangezogen werden.

Die eigentlichen Wirkzusammenhänge zwischen Schleifscheibe und Werkstück müssen demgegenüber örtlich und zeitlich auf einen schmalen Bereich der Schleifscheibe bezogen werden.
Die maßgebende Größe ist dabei die Querschnittsverringerung des Werkstücks in der Zeiteinheit. Dabei bleibt es ohne Bedeutung, ob einige Zeit später an gleicher Stelle oder gleichzeitig an anderer Stelle kein Werkstoffabtrag stattfindet. Im Rahmen technologischer Betrachtungen muß also unabhängig vom Verhältnis $l_{w_{eff}}/l_w$ für die spezifische Zerspanleistung Z' gelten:

$$Z' = \frac{\pi \cdot D_w \cdot \Delta D_w \cdot v_a}{2 \cdot B_{s_{eff}}} \qquad (7)$$

Aus einem Beispiel wird die unterschiedliche Bedeutung der Begriffe Z' und Z deutlich: Eine Welle besitze nicht zu schleifende Abschnitte, die 50% ihrer Gesamtlänge von 150 mm ausmachen. Die Prozeßtechnologie erlaube bei einer maximalen spezifischen Zerspanleistung Z' die Durchlaufgeschwindigkeit v_a = 3 m/min.

Nimmt man überschlägig an, daß im spitzenlosen Einstechverfahren gleiche örtliche Belastung von Schleifscheibe und Werkstück möglich ist, so kann dabei ein gegebenes Werkstoffvolumen in kürzerer Zeit abgeschliffen, also Z erhöht werden, wenn der Werkstückwechsel weniger als 1,5 s in Anspruch nimmt. Dies ist mit entsprechenden Vorrichtungen unschwer zu erreichen.

2.1 Geometrie der Schleifscheibe

Die Schleifscheibe bestimmt durch ihre Form und ihre relative Lage zum Werkstück die Verteilung des Werkstoffabtrags über der Länge des Schleifspalts.

Dies kann, wie in Bild 3 schematisch dargestellt, auf verschiedene Arten realisiert werden.
Bei achsparalleler Lage von Werkstück und Schleifscheibe besitzt letztere an der Vorderseite eine relativ stark kegelige Zone, die den Einlauf in den Schleifspalt erleichtert und ggf. solche Werkstücke egalisiert, die ein Übermaß außerhalb der Vorbearbeitungstoleranz besitzen.
Die sich anschließende Schleifzone kann auch in einen Schrupp- und einen Schlichtteil mit unterschiedlicher Konizität aufgeteilt sein.
Der Betrag der Radiusdifferenz der Schleifscheibe bestimmt die Durchmesserabnahme des Werkstücks.
Die spezifische Zerspanleistung Z' wird bei konstanter Durchlaufgeschwindigkeit v_a durch die Steigung der Schleifscheibenkontur in der Schleifzone festgelegt. Um also Werte für die spez. Zerspanleistung mit denen anderer Schleifverfahren vergleichen und auch problemgerecht interpretieren zu können, muß Z' stets örtlich begrenzt in einem Bereich konstanter Kontursteigung der Schleifscheibe gesehen werden.

Die Ausfunkzone trägt zum Werkstoffabtrag kaum noch bei. Sie sollte daher aus wirtschaftlichen Gründen so klein wie möglich gehalten werden.

Es ist andererseits eine eng an Werkstückgeometrie, Einstellbedingungen und Genauigkeitsforderungen gebundene Mindestbreite erforderlich, um die in der angeschrägten Schleifzone erzeugte Kegeligkeit des Werkstücks zu beseitigen, sowie in einer Ausfunkphase letzte Verbesserungen von Rundheit und Rauheit zu erreichen.

Eine Konizität des Schleifspalts wird vielfach auch durch die Verstellung der Regelscheibe realisiert. Man versucht dabei, durch eine Verringerung des Neigungswinkels, verbunden mit einer Drehung in horizontaler Ebene, das Werkstück gezielt nicht geradlinig, sondern auf einer Kurve zu führen, die in der Auslaufzone parallel zur Schleifscheibe verlaufen soll.
Dieses Verfahren besitzt den Vorzug, daß die Kontur der Schleifscheibe mit Ausnahme der Einlaufzone stets gleich, d. h. gerade bleiben kann. Die Reproduzierbarkeit einer solchen Einstellung ist jedoch gering. Sie stellt überdies hohe Anforderungen an Geschick und Erfahrung des Bedienungspersonals.

2.2 Geometrie der Regelscheibe

Besondere Bedeutung kommt beim spitzenlosen Durchlaufschleifen der gegenüber der Schleifscheibe wesentlich komplizierteren Geometrie der geneigten Regelscheibe zu. Da die Regelscheibe das wichtigste Element zur Führung und zur Bewegungsübertragung auf das Werkstück darstellt, ist es erforderlich, die Gesetzmäßigkeiten ihrer Formbildung eingehend zu untersuchen, um einer zielsicheren Maschineneinstellung unter Gewährleistung hoher Werkstückqualität näherzukommen.

2.2.1 Theoretische Grundlagen

2.2.1.1 Regelscheibenform für $D_W \approx 0$

Als Ansatz zur mathematischen Beschreibung der Regelscheibenform kann die Forderung dienen, die an ihre Funktion gestellt wird: Die Mantelfläche muß so beschaffen sein, daß sie eine ununterbrochene Berührung mit einem Werkstück gewährleistet, das sich auf einer Geraden durch den Schleifspalt bewegt, wobei diese mit der Rotationsachse der Regelscheibe den Neigungswinkel α einschließt. Zur Vereinfachung werde zunächst angenommen, daß das Werkstück den Durchmesser $D_W \approx 0$ besitzt. Dadurch fallen die Mittellinie des Werkstücks und seine Berührlinie mit der Regelscheibe zusammen. Außerdem wird eine Höhenlage des Werkstücks noch nicht berücksichtigt. Das Werkstück liegt dann in der Ebene, die durch die Rotationsachse der Schleifscheibe und den Drehpunkt des Neigungswinkels α der Regelscheibe aufgespannt wird.

Bild 4 zeigt schematisch diese Anordnung: Das x, y, z-System stellt die Bezugsbasis dar. Die Rotationsachse x_R der Regelscheibe ist gegen x mit dem Winkel α geneigt. Drehpunkt ist der Mittelpunkt der Regelscheibe. Im Abstand r_R verläuft parallel zu x die Mittellinie des Werkstücks x_W. Sie wird also beschrieben durch

$$y = r_K, \qquad z = 0 \qquad (8, 9)$$

und soll voraussetzungsgemäß Element der Regelscheiben-Mantelfläche sein. Wird diese Gerade in die Koordinaten x_R, y_R, z_R transformiert und läßt man sie um x_R rotieren, so muß ein Ausdruck für die gesuchte Rotationsfläche entstehen. Zur Drehung des Koordinatensystems werden zunächst die Eulerschen Winkel

$$\varphi = 0, \qquad \psi = -\alpha \qquad \text{und} \qquad \varkappa = 0$$

angesetzt. Das Transformations-Gleichungssystem lautet dann

$$\begin{aligned} x &= x_R \cos\alpha - z_R \sin\alpha & x_R &= x \cos\alpha + z \sin\alpha \\ y &= y_R & y_R &= y \\ z &= x_R \sin\alpha + z_R \cos\alpha & z_R &= -x \sin\alpha + z \cos\alpha . \end{aligned} \qquad \text{Gln. (10)}$$

Damit wird die Mittellinie des Werkstücks zu

$$y_R = r_K \quad , \qquad z_R = - x_R \tan\alpha \quad . \qquad (11,12)$$

Für eine Rotationsfläche um x_R muß gelten

$$z_R^2 + y_R^2 = r_R^2 (x_R) \qquad (13)$$

wobei die Werkstück-Mittellinie den Radius der Regelscheibe r_R an jeder Stelle x_R vorschreibt:

$$r_R^2(x_R) = r_K^2 + x_R^2 \tan^2\alpha \qquad (14)$$

Dies führt unmittelbar auf den Ausdruck für ein Rotationshyperboloid:

$$z_R^2 + y_R^2 - x_R^2 \tan^2\alpha = r_K^2 \qquad (15)$$

Der Körper liegt symmetrisch zum Ursprung des x_R, y_R, z_R-Systems. Er besitzt die Drehachse x_R, den Kehlkreisradius r_K im engsten Querschnitt sowie eine durch den Neigungswinkel α bestimmte Krümmung.

Mit Hilfe der Gleichungen (10) kann das Hyperboloid in das Bezugssystem x, y, z rücktransformiert werden:

$$z^2 (1-\tan^2\alpha) + y^2 - 2xz \tan\alpha = r_K^2 \tag{16}$$

Ein Schnitt mit der Ebene $y = r_K$ liefert eine quadratische Gleichung mit den Lösungen

$$z_1 = 0 \text{ und } z_2 = x \tan 2\alpha . \tag{17, 18}$$

Es sind dies die eingangs angesetzte Werkstück-Mittellinie sowie die zweite, um den doppelten Neigungswinkel 2α verschränkte Gerade auf dem Umfang des Hyperboloids.

Damit ist gezeigt, daß ein Rotationshyperboloid die Funktion der Regelscheibe erfüllt, wenn der Werkstückdurchmesser und die Höhenlage als Null angenommen werden.

2.2.1.2 Höhenlage h

Es ist eine in der Praxis des spitzenlosen Schleifens bereits früh beobachtete Erscheinung, daß eine Anordnung des Werkstücks in der Höhenlage Null bevorzugt zur Ausbildung von Gleichdickformen führt. Dies ist auch theoretisch durch die Berechnung des dabei anzutreffenden geometrischen Rückkopplungseffektes bewiesen [6] .

Bis auf wenige spezielle Anwendungen wird für h stets ein positiver Betrag gewählt, auf dessen Wahl in Abhängigkeit der Kenndaten der Bearbeitungsaufgabe später noch eingegangen wird.

Die einschränkende Annahme h = 0 muß deshalb hier aufgehoben werden. Wie in Bild 5 angedeutet, soll die Lage der Werkstückachse im Bezugssystem nun

$$y = c_1 \quad \text{und} \quad z = h \tag{19, 20}$$

sein. Die Transformation mit den Gleichungen (10) ergibt dann im x_1, y_1, z_1-System die Form

$$y_1 = c_1 \quad \text{und} \quad z_1 = \frac{h}{\cos\alpha} - x_1 \tan\alpha \; . \tag{21, 22}$$

Entsprechend (13) bzw. hier

$$z_1^2 + y_1^2 = r^2 (x_1) \tag{23}$$

wird mit

$$r^2(x_1) = (\frac{h}{\cos\alpha} - x_1 \tan\alpha)^2 + c_1^2 \tag{24}$$

wiederum die Rotationsfläche um x_1 gebildet:

$$z_1^2 + y_1^2 - x_1^2 \tan^2\alpha + 2x_1 \frac{h}{\cos\alpha} \tan\alpha = c_1^2 + \frac{h^2}{\cos^2\alpha} \tag{25}$$

Zur Vereinfachung wird ein neues Koordinatensystem x_R, y_R, z_R eingeführt, das gegenüber x_1, y_1, z_1 um den Betrag c_2 in negative x_1-Richtung verschoben ist. Die Transformation liefert

$$z_R^2 + y_R^2 - x_R^2 \tan^2\alpha + x_R \, 2 \tan\alpha (c_2 \tan\alpha + \frac{h}{\cos\alpha})$$

$$- c_2^2 \tan^2\alpha - 2c_2 \frac{h}{\cos\alpha} \tan\alpha = c_1^2 + \frac{h^2}{\cos^2\alpha} \tag{26}$$

Um das lineare Glied von x_R zu eliminieren, sei

$$c_2 = -\frac{h}{\sin\alpha}, \tag{27}$$

außerdem

$$c_1 = r_K \tag{28}$$

Dies führt auf die mit Gleichung (15) identische Form

$$z_R^2 + y_R^2 - x_R^2 - x_R^2 \tan^2\alpha = r_K^2$$

des Hyperboloids. Daraus wird ersichtlich, daß bei Einführung einer Höhenlage h $\neq$ 0 das Formbildungsgesetz der Regelscheibe grundsätzlich erhalten bleibt. Die Ebene des engsten Querschnitts wird lediglich um einen von h und dem Sinus des Neigungswinkels bestimmten Betrag längs der Rotationsachse verschoben.

Werden die oben vorgenommene Verschiebung sowie die Drehung rückgängig gemacht, so lautet die Mantelfläche der Regelscheibe im Bezugssystem

$$z^2(1-\tan^2\alpha)+y^2+2zh\tan^2\alpha+2xh\tan\alpha-2xz\tan\alpha = \frac{h^2}{\cos^2\alpha}+r_K^2 \tag{29}$$

Setzt man z=h, so ergibt sich mit

$$y = \pm r_K \tag{30}$$

die Bestätigung, daß die Mittellinie des Werkstücks Element der Rotationsfläche ist.

Die Folgerung aus dieser Herleitung ist in Bild 6 verdeutlicht: Die allgemeine Form der Regelscheibe ist stets eine konkave Rotationsfläche. Für Werkstückdurchmesser nahe Null ist sie ein

Rotationshyperboloid. Abhängig von der Höhenlage h wird der Regelscheibe beim Abrichten eine Form gegeben, die einem jeweils anderen Achsabschnitt der allgemeinen Fläche entspricht. Für untermittig liegende Werkstücke verjüngt sich diese in Durchlaufrichtung, bei h=0 ist sie symmetrisch. Im üblichen Fall, bei positivem h, wächst der Regelscheibendurchmesser progressiv bis zu einem Maximalwert an der auslaufseitigen Stirnfläche.

Praktisch wird dies so verwirklicht, daß ein Einzelkorn-Abrichtdiamant sich auf einer Geraden in Höhe der Berührlinie des Werkstücks an der geneigten Regelscheibe entlangbewegt. Als nachteilig muß dabei angesehen werden, daß jede Änderung der Einstellgrößen α und h eine entsprechende neue Formgebung der Regelscheibe erfordert. Da übliche Antriebe nur selten Regelscheibendrehzahlen über n_R = 600 min^{-1} gestatten, dürfen im Interesse eines guten Überdeckungsgrades nur geringe Abrichtvorschübe gewählt werden. Dadurch entstehen erhebliche Umrüstzeiten, die besonders angesichts des dem spitzenlosen Durchlaufschleifen eigenen guten Verhältnisses von Haupt- zu Nebenzeiten stark ins Gewicht fallen.

Eine systematische Entwicklung der geometrischen Grundlagenkenntnisse führt jedoch zu einem bisher nicht bekannt gewordenen Abricht- und Einstellverfahren, bei dem die Höhenlage für die Form der Regelscheibe nicht mehr berücksichtigt werden muß [11] .

2.2.1.3 Neigung in zwei Ebenen

Zur Formulierung einer anders gearteten Regelscheibengeometrie bei $h \neq 0$ werde von dem in Bild 7 skizzierten Koordinatensystem x_W, y_W, z_W ausgegangen. Die Mittellinie des Werkstücks verläuft voraussetzungsgemäß in der Höhe h und im senkrechten Abstand r_K zur x-Achse des Bezugssystems. Als System der Regelscheibe wird x_R, y_R, z_R angenommen. Die Überführung von x_W, y_W, z_W in x_R, y_R, z_R kann in drei Schritten vorgenommen werden:

- eine Translation in negative y_W-Richtung mit dem Betrag a,
- eine Drehung mit dem Winkel $\varkappa$ um die x-Achse,
- eine weitere Drehung mit dem Winkel $-\alpha$ um die y_R-Achse.

Dazu werden die folgenden Transformationskoeffizienten angesetzt:

$$a_1 = 0$$
$$a_2 = -a \qquad \text{mit } a = \sqrt{r_K^2 - h^2} \qquad \text{Gln. (31)}$$
$$a_3 = 0$$

$$a_{11} = \cos\alpha \qquad a_{12} = 0 \qquad a_{13} = -\sin\alpha$$
$$a_{21} = -\sin\varkappa\sin\alpha \qquad a_{22} = \cos\varkappa \qquad a_{23} = -\sin\varkappa\cos\alpha \qquad \text{Gln. (32)}$$
$$a_{31} = \cos\varkappa\sin\alpha \qquad a_{32} = \sin\varkappa \qquad a_{33} = \cos\varkappa\cos\alpha$$

mit $$\sin\varkappa = \frac{h}{r_K} \qquad (33)$$

und $\cos\varkappa = \sqrt{1 - \frac{h^2}{r_K^2}}$ (34)

Sie sind in dem Transformations-Gleichungssystem

$$x_W = x_R \cos\alpha - z_R \sin\alpha$$
$$y_W = -a - x_R \sin\varkappa \sin\alpha + y_R \cos\varkappa - z_R \sin\varkappa \cos\alpha \qquad \text{Gln. (35)}$$
$$z_W = x_R \cos\varkappa \sin\alpha + y_R \sin\varkappa + z_R \cos\varkappa \cos\alpha$$

$$x_R = x_W \cos\alpha - (y_W + a) \sin\varkappa \sin\alpha + z_W \cos\varkappa \sin\alpha$$
$$y_R = (y_W + a) \cos\varkappa + z_W \sin\varkappa \qquad \text{Gln. (36)}$$
$$z_R = -x_W \sin\alpha - (y_W + a) \sin\varkappa \cos\alpha + z_W \cos\varkappa \cos\alpha$$

zusammengefaßt.

Die Regelscheibe soll nun in der Form eines symmetrischen Rotationshyperboloids im x_R, y_R, z_R-System liegen, so daß wiederum Gleichung (15) verwendet werden kann:

$$z_R^2 + y_R^2 - x_R^2 \tan^2\alpha = r_K^2$$

Mit Hilfe der Transformationsgleichungen (36) entsteht die Darstellung des Körpers in x_W, y_W, z_W-Koordinaten:

$$\begin{aligned}(-x_W \sin\alpha - (y_W + a) \sin\varkappa \cos\alpha + z_W \cos\varkappa \cos\alpha)^2 \\ + ((y_W + a) \cos\varkappa + z_W \sin\varkappa)^2 \qquad (37) \\ - (x_W \cos\alpha - (y_W + a) \sin\varkappa \sin\alpha + z_W \cos\varkappa \sin\alpha)^2 \tan^2\alpha \\ = r_K^2\end{aligned}$$

Die Mittellinie des Werkstücks liegt in der Ebene $y_W=0$. Ein Schnitt des Regelscheibenkörpers mit dieser Ebene führt auf eine quadratische Gleichung in z_W, die nach einigen Umrechnungen eine Lösung mit der Geraden $z_{W1}=h$ ergibt.
Das heißt, die Werkstück-Mittellinie ist, wie gewünscht, Element der die Regelscheibe definierenden Rotationsfläche. Damit ist bestätigt, daß die Höhenlage bei der Formgebung der Regelscheibe nicht berücksichtigt werden muß. Es ist lediglich eine geeignete Positionierung relativ zum Werkstück erforderlich.
Die relative Lage der Rotationsachsen von Regelscheibe und Werkstück und damit der Einfluß des Neigungswinkels α auf die Durchlaufgeschwindigkeit bleiben voll erhalten.

Die oben beschriebene Koordinatentransformation läßt sich zur praktischen Realisierung an einer spitzenlosen Schleifmaschine in dieser Form nicht verwenden. Sie muß vielmehr, wie in Bild 5 bereits geschehen, in die an den Hauptebenen des Maschinenkörpers orientierten Winkel α' (vertikal) und δ'(horizontal) aufgeteilt werden. Die Beziehungen lauten

$$\frac{\tan \alpha'}{\tan \alpha} = \cos \varkappa \qquad (38)$$

$$\frac{\tan \delta'}{\tan \alpha} = \sin \varkappa \, . \qquad (39)$$

Mit den Gleichungen (33, 34) folgt

$$\tan \alpha' = \tan \alpha \sqrt{1 - \frac{h^2}{r_K^2}} \qquad (40)$$

$$\tan \delta' = \frac{h}{r_K} \tan \alpha \, . \qquad (41)$$

Dies gilt vorläufig nur für Werkstückdurchmesser D_W nahe Null.

Zusammenfassend sind in Bild 8 Form und Lage der Regelscheibe für das konventionelle und das oben beschriebene, neuartige Verfahren einander gegenübergestellt.

Die Verwendung einer symmetrischen, in zwei Ebenen geneigten Regelscheibe ist an derzeit gebräuchlichen spitzenlosen Schleifmaschinen bereits möglich. Das Einrichten geschieht in folgenden Schritten:

- Die unter dem gewünschten Winkel α geneigte Regelscheibe wird in bekannter Weise abgerichtet. Die Höhenlage des Abrichtdiamanten beträgt jedoch nun $h_1 = 0$. Es entsteht eine symmetrische Form, deren kleinster Querschnitt mit dem Kehlkreisradius r_K in der Mitte der Scheibe liegt.
- Der Neigungswinkel α wird dann um einen geringen, aus h und r_K errechneten Betrag verkleinert.
- Schließlich wird die Regelscheibe in einer horizontalen Ebene unter den Winkel δ' zur Auflageschiene gebracht. Eine derartige Einstellmöglichkeit ist nicht an allen Maschinen gegeben. Hilfen zum routinemäßigen genauen Einrichten können jedoch mit geringem konstruktivem Aufwand geschaffen werden.

Auf die weiteren Konsequenzen dieses Verfahrens für den eigentlichen Schleifprozeß wird im folgenden noch eingegangen.

2.2.1.4 Regelscheibenform für $D_W \gg 0$

Bei der rechnerischen Formulierung der Regelscheibenform als Rotationshyperboloid wurde zur Vereinfachung davon ausgegangen, daß die Mittellinie des Werkstücks mit der Berührlinie an der Regelscheibe zusammenfällt, was den realen Bedingungen nicht entspricht. In der Praxis hat sich gezeigt, daß diese Annahme bei sehr kleinen Werkstückdurchmessern noch zulässig ist. Bei größeren Durchmessern wird die Erscheinung beobachtet, daß aufgrund einer zu starken Krümmung der Regelscheibenkontur stellenweise nicht der zum Weitertransport des Werkstücks notwendige Kraftschluß zustande kommt.

2.2.1.5 Korrigiertes Rotationshyperboloid

Den Formfehler der Regelscheibe bei Werkstückdurchmessern $D_W \gg 0$ hat bereits Slonimski [13] erkannt und begründet. In Bild 9 sind die Kontaktverhältnisse schematisch dargestellt. Eine Regelscheibe, die durch die Spitze eines horizontal und gerade bewegten Abrichtdiamanten erzeugt wurde, berührt den Umfang eines ebenfalls horizontal und gerade geführten Werkstückes nur in zwei Punkten. In der Mitte des Hyperboloids bleibt ein Spalt der Größe Δr_R. Wenn, wie bereits gezeigt wurde, zur geradlinigen Werkstückführung die Werkstückmittellinie auf dem Umfang eines geneigten Hyperboloids liegen muß, so ist die erforderliche Regelscheibenkontur bei realen Werkstückdurchmessern keine Hyperbel, sondern die Äquidistante zu einer Hyperbel, die im Abstand $r_K + r_W$ von der Rotationsachse verläuft.

Diese Kontur wird durch eine Gleichung 4. Grades beschrieben, für die eine allgemeine Lösung nicht angegeben werden kann. Slonimski entwickelte statt dessen aus einer Abschätzung ein Korrekturverfahren, das seit längerem in der Praxis angewandt wird. Beibehalten ist dabei die Formgebung der Regelscheibe durch ein geradlinig bewegtes Abrichtwerkzeug.
Der Fehler der hyperbolischen Kontur - eine zu starke Krümmung - wird jedoch dadurch verringert, daß die Abrichtbewegung unter dem Winkel $\alpha_3 < \alpha$ verläuft. Es entsteht so eine flachere hyperbolische Kontur. Zur Ermittlung von α_3 wird die angenäherte Beziehung

$$\alpha_3 \approx \frac{\alpha}{\sqrt{1 + \frac{D_W}{D_R}}} \qquad (42)$$

verwendet.

Da bisher eine Berechnung der exakten Regelscheibenform nicht durchgeführt wurde, ist quantitativ auch nicht bekannt, welche Fehler unter bestimmten Bedingungen die hyperbolische bzw. die korrigierte hyperbolische Form aufweisen.

2.2.1.6 Exakter Rotationskörper

Für eine exakte Berechnung der Regelscheibenform, die den geradlinigen Transport eines Werkstücks beliebigen Durchmessers gewährleistet, muß dieses als Zylinder mit der Längsachse x_z und dem Radius r_W dargestellt werden:

$$y_Z^2 + z_Z^2 = r_W^2 \qquad (43)$$

Seine relative Lage zum Koordinatensystem einer Regelscheibe mit dem Kehlkreisradius r_K ist durch den kürzesten Abstand der x-Achsen

$$\Delta y_{RW} = r_K + r_W \tag{44}$$

und den Neigungswinkel α zwischen x_Z und x_R bestimmt.

Das Transformations-Gleichungssystem zur Darstellung des Zylinders in Regelscheiben-Koordinaten läßt sich wie folgt angeben:

$$\begin{aligned} x_z &= x_R \cos\alpha - z_R \sin\alpha \\ y_z &= - \Delta y_{RW} + y_R \\ z_z &= x_R \sin\alpha + z_R \cos\alpha \end{aligned} \tag{45}$$

Damit ergibt sich für den Zylinder

$$\left(\frac{z_R + x_R \tan\alpha}{\frac{r_W}{\cos\alpha}}\right)^2 + \left(\frac{y_R - \Delta y_{RW}}{r_W}\right)^2 - 1 = 0 \tag{46}$$

Dies ist in jeder Ebene x_R = const. die Gleichung einer Ellipse mit den Halbachsen $r_W/\cos\alpha$ und r_W, deren Mittelpunkt uns $z_R = - x_R \tan\alpha$ und $y_R = \Delta y_{RW}$ aus dem Ursprung verschoben ist.

In einem Schnitt x_R = const., wie er in Bild 10 dargestellt ist, erscheint die Regelscheibe als Kreis, der diese Ellipse im Punkt P (z_{Rb}, y_{Rb}) berührt. Um eine Funktion für die Form der Regelscheibe zu entwickeln, muß für alle Ebenen x_R der Regelscheibenradius als kürzester Abstand vom Rand der Ellipse zum Ursprung formuliert werden. Dazu wird Gleichung (46) nach y_R aufgelöst und in

$$r_R = \sqrt{z_{Rb}^2 + y_{Rb}^2} \tag{47}$$

eingesetzt:

$$r_R = \sqrt{z_R^2 + \left(\Delta y_{RW} - \sqrt{r_W^2 - \cos^2\alpha\,(z_R + x_R \tan\alpha)^2}\right)^2} \tag{48}$$

Quadrieren und Differenzieren nach z_R ergibt

$$\frac{dr_R^2}{dz_R} = z_R + (z_R + x_R \tan\alpha)\cos^2\alpha \left[\frac{\Delta y_{RW}}{\sqrt{r_W^2 - \cos^2\alpha\,(z_R + x_R \tan\alpha)^2}} - 1\right] \tag{49}$$

Hierbei handelt es sich wiederum um eine Gleichung vierten Grades, für die sich eine allgemeine Lösung nicht angeben läßt.

Es ist deshalb erforderlich, die Nullstelle der Gleichung (49) nach einem numerischen Verfahren iterativ zu bestimmen. Dies ist durch eine Intervallschachtelung mit guter Konvergenz und bei weitem ausreichender Genauigkeit möglich. Ausgehend von den Intervallgrenzen

$$z_{R1} = -x_R \tan\alpha + \frac{r_W}{\cos\alpha} \tag{50}$$

$$z_{R2} = -x_R \tan\alpha - \frac{r_W}{\cos\alpha} \tag{51}$$

kann nach 20 bis 30 Iterationsschritten ein Wert für z_{Rb} mit einem maximalen Fehler von 10^{-6} mm errechnet werden. Einsetzen in Gleichung (48) liefert dann den gesuchten Regelscheibenradius in der Ebene x_R = const.

Damit ist es möglich, die exakt erforderliche Form der Regelscheibe als Verlauf D_R (x_R) in Abhängigkeit von einem Regelscheibennenndurchmesser, vom Werkstückdurchmesser D_W und vom Neigungswinkel α punktweise entlang der Rotationsachse x_R zu bestimmen.

Der Betrag der Höhenlage ist in diese Rechnung noch nicht eingegangen. In Übereinstimmung mit den unter Ziffer 2. 2. 1. 2 entwickelten Ergebnissen kann eine Trennung vorgenommen werden zwischen dem allgemeinen Formbildungsgesetz der Regelscheibe und einer Funktion f(h, . . .) die denjenigen Achsabschnitt bezeichnet, der nach Maßgabe der Höhenlage real im Schleifspalt vorliegt.

Die für diese Funktion notwendigen Beziehungen können in Bild 10 gefunden werden. Es ergibt sich

$$x_R = \frac{\cos \alpha}{1+\sin^2 \alpha} \left(x_S - \frac{h}{\tan \alpha} - z_{Rb} \sin \alpha \right) \qquad (52)$$

x_R ist dabei die Fußpunktkoordinate des in einer Ebene x_S= const. vom Berührpunkt P zwischen Regelscheibe und Werkstück aus gefällten Lotes auf die Drehachse der Regelscheibe.

Um eine anschauliche Darstellung zu erhalten, wird eine Koordinate x_W eingeführt, die den Axialweg des Werkstücks im Schleifspalt bezeichnet. Der im Mittelpunkt der Schleifscheibe liegende Nullpunkt der x_S-Koordinate wird dazu um die halbe Schleifscheibenbreite bis zu deren Einlaufkante verschoben.

Damit folgt

$$x_R = \frac{\cos\alpha}{1+\sin^2\alpha}\left(x_W - \frac{B_s}{2} - \frac{h}{\tan\alpha} - z_{Rb}\sin\alpha\right) \qquad (53)$$

Die Berechnung x_R (x_W) kompliziert sich insofern, als die dafür ebenfalls erforderliche Iteration von z_{Rb} selbst eine Funktion von x_R ist. Es müssen daher zwei Iterationsverfahren verknüpft werden.

Als Ausgangswert für den veränderlichen Regelscheibendurchmesser wurde bisher stets der Kehlkreisradius r_K als gegeben angesehen. Die praktische Ermittlung von r_K an einer spitzenlosen Schleifmaschine stößt jedoch auf Schwierigkeiten: Die Lage des kleinsten Querschnitts der Regelscheibe verschiebt sich in Abhängigkeit von den Einstellbedingungen. Sie ist, wie später noch deutlicher wird, vielfach eine rein theoretische Größe, die außerhalb der realen Regelscheibenabmessungen liegt. Um also zur Berechnung der Regelscheibenkontur nur leicht zu ermittelnde Einstellgrößen und Maschinendaten vorauszusetzen, soll - auch bei Vergleichen - stets der Regelscheibendurchmesser D_{RA} am Auslauf des Schleifspalts herangezogen werden.

Die Ermittlung des Kehlkreisradius r_K aus diesem Wert $D_{RA} = D_R\ (x_W = B_S)$ geschieht in einem hier nicht näher beschriebenen Rechnungsgang, der die Funktionen D_R (x_R) und $x_R(x_W)$ zu einer mehrfach ineinander geschachtelten Iteration verknüpft.

Die Funktionen $D_R(x_R)$ und $x_R(x_W)$ können auch auf die unter Ziffer 2.2.1.3 entwickelte Neigung in zwei Ebenen angewendet werden. Es muß in diesem Fall lediglich in Gleichung (53) $h = 0$ gesetzt werden.

Bei den Beziehungen für die Einstellwinkel α' und δ' (Gleichungen (40), (41)) muß, nachdem die Einschränkung $D_W \approx 0$ aufgehoben ist, der Werkstückradius r_W zusätzlich berücksichtigt werden. Es ergibt sich:

$$\tan \alpha' = \tan \alpha \sqrt{1-\left(\frac{h}{r_K+r_W}\right)^2} \qquad (54)$$

$$\tan \delta' = \frac{h}{r_K+r_W} \tan \alpha \qquad (55)$$

In diesem Fall ist es sinnvoll, den Kehlkreisradius r_K als Bezugswert heranzuziehen. Bei hier vorliegender symmetrischer Regelscheibenform liegt der kleinste Querschnitt, wie bereits dargelegt wurde, stets in der Mitte der Regelscheibenbreite und ist somit leicht zu ermitteln.

2.2.2 Quantitative Berechnung

Auf der Grundlage der in den vorhergehenden Abschnitten entwickelten geometrischen Beziehungen sind verschiedene Digitalrechnerprogramme erstellt worden, mit denen bei beliebiger Variation von Maschinen- und Einstelldaten Aussagen über die exakte und in der Praxis realisierbare Form der Regelscheibe gemacht werden können. Im Vergleich zu einer mehr meßtechnisch orientierten Vorgehensweise hat sich dieser Weg als ergiebiger und wirtschaftlicher herausgestellt. Gleichzeitig ist durch eine EDV-gerechte Formulierung die notwendige Grundlage für eine zukünftige Weiterentwicklung etwa bis hin zu einer Rechner-Simulation des Formbildungsprozesses am Werkstück gegeben.

2.2.2.1 Exakte nicht symmetrische Regelscheibenform

Es soll hier ausgegangen werden von einer Betrachtung der exakten, zum ununterbrochenen Kontakt mit einem zylindrischen Werkstück erforderlichen Regelscheibenform. Bild 11 zeigt den Durchmesserverlauf $D_R(x_W)$ über dem Axialweg des Werkstücks x_W im Schleifspalt. Die hier gewählten Maschinendaten sind typisch für eine spitzenlose Schleifmaschine mittlerer bis schwerer Baugröße. Auffallend stark tritt der Einfluß des Neigungswinkels zutage: während die Kontur bei $\alpha = 1,5^o$ einen annähernd linearen Verlauf mit einem Durchmesserzuwachs von weniger als 1,5 mm zeigt, offenbart sich bei steigendem α eine ausgeprägte Hyperbelform. Es sind hier über den üblicherweise maximal realisierbaren Wert von 6° hinaus noch größere Neigungswinkel bis 9° aufgenommen worden, um diese Möglichkeit zur Steigerung der Durchlaufgeschwindigkeit überprüfen zu können. Wie sich zeigt, führt dies hier zu einer stark ausgehöhlten Kontur mit Durchmesserunterschieden von mehr als 8 mm. Dies ist, wie später noch zu erläutern sein wird, als Nachteil zu werten. Gut erkennbar ist im Bild die Wirkung des Neigungswinkels auf die Lage des Kehlkreises der Regelscheibe: Das Durchmesserminimum verschiebt sich mit zunehmendem α auf der Regelscheibenachse und liegt für $\alpha > 6^o$ innerhalb der Schleifbreite.

Entgegengesetzten Einfluß auf die Lage des Minimums besitzt die Höhenlage h. In Bild 12 ist diese Größe für $\alpha = 3^{o}$ und sonst gleiche Bedingungen variiert. Mit steigendem h verlagert sich der engste Querschnitt des ursprünglich symmetrischen Hyperboloids zu kleineren Werten von x_W, bis er schließlich außerhalb des realen Regelscheibenkörpers liegt. Insgesamt ist in den betrachteten Bereichen jedoch der Einfluß der Höhenlage auf die Regelscheibenform geringer als der des Neigungswinkels.

In Bild 13 ist der Verlauf der exakten Regelscheibenkontur für die beiden Grenzwerte des üblicherweise vorkommenden Bereichs von Werkstückdurchmessern D_W dargestellt. Es ist dabei berücksichtigt, daß unter Zugrundelegung eines für die geometrische Stabilität günstigen Tangentenwinkels γ die Höhenlage h dem Werkstückdurchmesser jeweils angepaßt wird. Dem größeren Werkstückdurchmesser von D_W = 150 mm ist demnach auch die größere Höhenlage zugeordnet. Der Einfluß von h, der sich allein, wie bereits gezeigt, in einer steileren Kontur bemerkbar macht, wird jedoch durch D_W leicht überkompensiert. So bleibt diese überlagerte Wirkung trotz starker Variation des Kurvenparameters vergleichsweise gering. Hierdurch ist auch die bei der Berechnung getroffene vereinfachende Annahme gerechtfertigt, daß das Werkstück über der Länge des Schleifspalts einen konstanten Durchmesser beibehält.

Der Einfluß verschiedener Regelscheiben-Auslaufdurchmesser bis zu extrem kleinen Werten ist in normierter Darstellung aus Bild 14 ersichtlich. Zur Erzielung eines jeweils gleichen Tangentenwinkels ist die Höhenlage mit D_{RA} wachsend angepaßt.

Trotz dieser Maßnahme besitzt die Regelscheibe mit dem größten Durchmesser die flachste Kontur. Die Wirkung verschiedener Werte für D_{RA} bleibt dennoch von relativ untergeordneter Bedeutung.

Die Breite der Schleif- bzw. Regelscheibe braucht nicht gesondert variiert werden. Die Wirkung dieses Parameters ist durch sinngemäße Extrapolation bzw. Verkürzung aus den bereits gezeigten Diagrammen zu ermitteln.

2.2.2.2 Exakte symmetrische Regelscheibenform

Ein grundsätzlich anderes Aussehen nimmt die Regelscheibe an, wenn sie in der Höhenlage Null des Diamanten abgerichtet und durch eine Neigung in zwei Ebenen eingestellt wird. Bild 15 veranschaulicht die Verhältnisse, wobei die Maschinendaten mit denen aus Bild 11 direkt vergleichbar sind. Bemerkenswert ist zunächst die symmetrische Form. Die Differenz zwischen größtem und kleinstem Regelscheibendurchmesser wächst nun nicht mehr annähernd linear, sondern deutlich progressiv mit steigendem Neigungswinkel α. Dennoch variiert D_R selbst bei $\alpha = 9^{o}$ um weniger als 3 mm. Insgesamt kann festgehalten werden, daß bei diesen häufig vorkommenden Bedingungen die Durchmesserunterschiede der Regelscheibe durch die Neigung in zwei Ebenen je nach Neigungswinkel auf 10 bis 30% der dem konventionellen Verfahren eigenen Werte reduziert werden.

Ein Einfluß der Höhenlage auf die Regelscheibenform, wie er im vorigen Abschnitt diskutiert wurde, ist nun prinzipiell nicht gegeben.

In Bild 16 ist der Einfluß des Werkstückdurchmessers D_W auf den Verlauf der exakten symmetrischen Regelscheibenkontur über dem Axialweg x_W aufgetragen. Wie schon aus der Wahl des Ordinatenmaßstabs deutlich wird, ist die Kontur im ganzen wiederum wesentlich flacher als die nicht symmetrische. Die Paramtervariation von D_W hat einen gleichsinnig wirkenden, aber etwas schwächeren Einfluß als in Bild 13.

Ähnlich fällt ein Vergleich zwischen Bild 17 und Bild 14 aus, in denen jeweils der Regelscheiben-Auslaufdurchmesser variiert ist: Die Kontur ist grundsätzlich flacher und Unterschiede im Wert von D_{RA} machen sich weniger stark bemerkbar.

Die Betrachtung der bei einer in zwei Ebenen geneigten Regelscheibe auftretenden Formen führt zusammenfassend zu folgenden Feststellungen:

- Der Durchmesserverlauf ist, dem Verfahrensprinzip gemäß, stets symmetrisch und besitzt ein Minimum in der Mitte der Schleifbreite.
- Der Durchmesserverlauf ist für alle Einstellungen bedeutend flacher als der nicht symmetrische.
- Der Durchmesserverlauf wird durch die Variation einzelner Parameter weniger stark verändert als der nicht symmetrische.

2.2.2.3 Konturgenauigkeit des unkorrigierten Hyperboloids

Nachdem der exakte Verlauf der zur geradlinigen Führung des Werkstücks erforderlichen Regelscheibenkontur bekannt ist, kann auch quantitativ der Fehler der ersatzweise verwendeten, vereinfachten Konturen angegeben werden.

Um möglichst vergleichbare Bedingungen für die verschiedenen Durchmesserverläufe zu erhalten, wird zunächst der Bereich der Regelscheibenkoordinate x_R der exakten Kontur errechnet, der nach Maßgabe der Einstellbedingungen innerhalb der Schleifscheibenbreite vorliegt. Er wird auch für das korrigierte bzw. das unkorrigierte Hyperboloid vorausgesetzt. Diese Annahme beinhaltet einen geringen Fehler, der praktisch jedoch vernachlässigt werden kann. Ausgehend von dem in allen Fällen als gleich angenommenen Auslaufdurchmesser werden dann die Durchmesserverläufe entlang den Rotationsachsen der Regelscheiben x_R berechnet.

Werden zu Vergleichszwecken mehrere Durchmesserverläufe in einem Bild zusammengefaßt, so sind die jeweils unterschiedlichen Bereiche von x_R auf gleiche Breite normiert. Es ist zu beachten, daß dann nur für eine Kurve die Zuordnung zu den angegebenen Abszissenwerten gegeben ist, während die übrigen in Abszissenrichtung gestaucht bzw. gestreckt sind.

Unter diesen Voraussetzungen ist Bild 18 zu betrachten, das den Verlauf des Durchmesserfehlers eines Hyperboloids für verschiedene Werkstückdurchmesser zeigt. Die Werte sind über dem zur Kurve für D_W = 150 mm gehörigen Bereich der Regelscheibenkoordinate x_R aufgetragen. Die Höhenlage h ist hier als Konstante so vorgegeben, daß bei einem Werkstückdurchmesser von 30 mm ein mittlerer Tangentenwinkel von $\gamma = 8^o$ vorliegt. Mit einer Vergrößerung von D_W tritt deutlich hervor, daß die Art des Fehlers in einer zu starken Krümmung der Kontur liegt. Der Steigungswinkel der Kurven wächst mit der Regelscheibenkoordinate x_R, d.h. mit dem Abstand vom engsten Querschnitt. Da, wie bereits ersichtlich wurde, die Höhenlage h mitbestimmend dafür ist, welcher Achsabschnitt bzw. welche Steigung der allgemeinen Rotationsfläche real im Schleifspalt vorliegt, muß h auch einen Einfluß auf den Betrag des Durchmesserfehlers haben. Dies wird bei einem Vergleich mit Bild 19 deutlich. Dort wurde, wie es praktisch sinnvoll ist, die Höhenlage dem Werkstückdurchmesser zur Erzielung eines jeweils gleichen mittleren Tangentenwinkels angepaßt. Bei qualitativ gleichem Verlauf liegen die Fehlerbeträge hier bei $D_W > 30$ mm über denen in Bild 18, während bei $D_W < 30$ mm aufgrund der nun verkleinerten Höhenlage eine geringfügige Verbesserung zu beobachten ist.

Ein Einfluß auf Größe und Lage des Bereichs der Regelscheibenkoordinate x_R wurde im vorangegangenen auch für den Neigungswinkel α nachgewiesen. Eine derartige Auswirkung auf den Durchmesserfehler ist in Bild 20 quantifiziert. Werkstückdurchmesser und Höhenlage sind konstant gehalten. Der Einfluß großer Neigungswinkel auf die Konturgenauigkeit ist offensichtlich verschlechternd. Ein Maximum der Fehlerbeträge liegt bei $\alpha = 9^o$ und $\alpha = 7,5^o$ noch innerhalb der Regelscheibenabmessungen.

Zusammenfassend können aus den Ergebnissen folgende Schlüsse gezogen werden:

- Der Durchmesserverlauf des unkorrigierten Hyperboloids weicht bei gebräuchlichen Einstellbedingungen um Beträge im Millimeterbereich von der Sollform ab.
- Ursache der Abweichungen ist ein Steigungsfehler der Hyperbelkontur, der mit dem Werkstückdurchmesser zunimmt.
- Demzufolge nehmen die Fehlerbeträge zu, wenn aufgrund großer Höhenlagen oder großer Neigungswinkel Bereiche bzw. Bereiche und Formen des allgemeinen Rotationskörpers benutzt werden, die eine große Steigung besitzen.
- Die Fehlerbeträge lassen die hyperbolische Regelscheibenkontur selbst bei kleinen Werkstückdurchmessern und Neigungswinkeln bezüglich ihrer Eignung zum geradlinigen Werkstücktransport als mangelhaft erscheinen.
- Der qualitativ hyperbolische Fehlerverlauf rechtfertigt ein Korrekturverfahren, das eine hyperbolische Regelscheibenkontur beibehält, wobei jedoch die Steigung verringert wird.

2.2.2.4 Konturgenauigkeit des korrigierten Hyperboloids

Der Fehlerverlauf korrigierter hyperbolischer Regelscheibenkonturen, wie sie durch Abrichten unter dem von Slonimski vorgeschlagenen Winkel α_3 entstehen, ist in Bild 21 für verschiedene Werkstückdurchmesser aufgetragen. Es fällt zunächst auf, daß

durch die Korrektur der maximale Fehler erheblich zurückgegangen ist und nun im Mikrometerbereich liegt. Die verbleibenden Abweichungen von der Sollform sind praktisch nicht mehr relevant. Die Tendenz, daß die Kontur, mit wachsendem Werkstückdurchmesser zunehmend, übermäßig stark gekrümmt ist, bleibt erhalten. Es kann daraus geschlossen werden, daß eine Verkleinerung des Korrekturwinkels α_3 weitere Verbesserungen brächte. Der Fehlerverlauf ist jedoch nicht mehr ausschließlich als hyperbolisch zu interpretieren, wie dies in Bild 19 der Fall war. Es zeigt sich hier bereits, daß der Güte einer wie auch immer gearteten hyperbolischen Näherung an die ideale Kurve 4. Ordnung Grenzen gesetzt sind.
Dies wird auch durch den Fehlerverlauf für verschiedene Neigungswinkel bestätigt, der in Bild 22 aufgetragen ist. In der hyperbolischen Kurvenform ist im Bereich von x_R = 150 mm bereits ein Wendepunkt erkennbar. Es fällt außerdem auf, daß der Fehler der korrigierten Kontur im Gegensatz zu dem der unkorrigierten durch die Variation des Neigungswinkels nun stärker beeinflußt wird als durch Änderungen des Werkstückdurchmessers. So führen extreme Neigungswinkel selbst bei mäßigem Werkstückdurchmesser zu einer Beeinträchtigung der Konturgenauigkeit, die auch unter praktischen Bedingungen nicht ganz zu vernachlässigen sein wird.

Der Einfluß der Höhenlage auf die Güte der hyperbolischen Näherung an die Idealkontur ist bereits diskutiert worden. Er ist sinngemäß auch auf das korrigierte Verfahren übertragbar. Es sollte in diesem Zusammenhang jedoch noch auf eine bemerkenswerte Eigenschaft der symmetrischen Regelscheibenform hingewiesen werden.

In Bild 23 ist demonstriert, daß hierbei der positive Effekt geringer Kontursteigungen auf die Güte der Näherung optimal ausgenutzt wird: Gegenüber den Werten in Bild 22 gehen die Fehlerbeträge wesentlich zurück.

Die Betrachtung der Konturgenauigkeit kann wie folgt zusammengefaßt werden:

- Gegenüber der einfach hyperbolischen besitzt die korrigierte Form unter fast allen Bedingungen nur noch Abweichungen von untergeordneter Bedeutung.
- Lediglich bei extremen Neigungswinkeln werden große Werkstückdurchmesser nicht mehr mit höchster Genauigkeit geführt. Vorteile könnten noch mit einer verfeinerten Ermittlung des optimalen Korrekturwinkels α_3 erzielt werden.
- Eine symmetrische Regelscheibenform gewährleistet ohne weitere Maßnahmen bereits die weitaus beste Konturgenauigkeit.

3. GEOMETRISCHE STABILITÄT DES SCHLEIFPROZESSES

Neben den allgemeinen Problemen der dynamischen Maschinenstabilität ist beim spitzenlosen Schleifen der Problemkreis der geometrischen Stabilität von zentraler Bedeutung. Das Verfahrensprinzip, bei dem das Werkstück auf seiner Mantelfläche gleichzeitig gelagert und bearbeitet wird, impliziert einen Rückkopplungseffekt, der in Abhängigkeit von geometrischen Kenngrößen des Schleifspalts eine erhebliche Beeinträchtigung der Werkstückrundheit zur Folge haben kann. Dieser regenerative Vorgang ist von Reeka für das Einstechverfahren mathematisch formuliert worden [6] . Als Ergebnis liegen geometrische Stabilitätskarten vor, die jeweils für e i n Durchmesserverhältnis von Schleif- und Regelscheibe sowie für verschiedene Kombinationen von Auflagewinkel β und Tangentenwinkel γ das Stabilitätsverhalten kennzeichnen. In der Praxis läßt sich damit bei gegebenem β ein Tangentenwinkel bzw. die damit geometrisch verknüpfte Höhenlage ermitteln, bei der ein vorhandener Anfangsrundheitsfehler im Verlauf der Bearbeitung abklingen wird.

Der Mechanismus der Formbildung durch Rückkopplung wird prinzipiell auch beim spitzenlosen Durchlaufschleifen angetroffen, so daß die Grundlagen der geometrischen Stabilitätsrechnung übertragen werden können. Die Eingangsgrößen der Rechnung sowie die Darstellungsform der Ergebnisse müssen jedoch der räumlichen Konfiguration von Schleifscheibe, Regelscheibe und Werkstück entsprechend neu formuliert werden.

Die Höhenlage h des Werkstücks ist eingangs bereits aus praktischen Gründen unabhängig vom Neigungswinkel α definiert worden. Konstant bleiben gleichfalls der Auflagewinkel β sowie der

Durchmesser der Schleifscheibe. Eine in bestimmten Fällen gegebene Konizität der Schleifscheibe kann hier vernachlässigt werden. Als letzte stabilitätsrelevante Größe bleibt der Tangentenwinkel γ, der sich aufgrund der Regelscheibenneigung wie auch des unterschiedlichen Regelscheibendurchmessers über der Länge des Schleifspalts ändert. Eine Berechnung dieses Verlaufs ist auf der Grundlage der eingangs ausführlich dargestellten Gesetzmäßigkeiten der Regelscheibengeometrie möglich. Als Beispiel ist ein Ergebnis in Bild 24 gezeigt.

Es wird deutlich, daß der Tangentenwinkel über dem Axialweg des Werkstücks annähernd linear zunimmt. Der lineare Verlauf deutet darauf hin, daß der ungleichförmige Durchmesserverlauf der Regelscheibe von untergeordnetem Einfluß bleibt. Stark wirkt sich hingegen der Neigungswinkel α aus: Er bestimmt die Steigung der Kurven und damit bei gegebener Schleifbreite den Variationsbereich von γ. Wird der Winkel γ weiterhin aufgeteilt in den Schleifscheibentangentenwinkel γ_S und den Regelscheibentangentenwinkel γ_R, so können folgende Aussagen formuliert werden:

- Die Höhenlage h bestimmt mit den Durchmessern von Schleifscheibe und Werkstück den konstanten Schleifscheibentangentenwinkel γ_S.
- Der Regelscheibentangentenwinkel γ_R setzt sich aus einem konstanten, durch die Höhenlage h und die Durchmesser von Regelscheibe und Werkstück bestimmten Anteil und einem durch den Neigungswinkel γ festgelegten, linear wachsenden Anteil zusammen.

Damit ist in der Summe sowohl der Betrag des gesamten Tangentenwinkels γ als auch das Verhältnis seiner Komponenten γ_R und

γ_S über dem Schleifspalt annähernd linear veränderlich. Diese Zusammenhänge haben für die konventionelle Regelscheibenform ebenso Gültigkeit wie für die symmetrische.

3.1 Vorausbestimmung der Höhenlage

Die räumliche Funktion des geometrischen Stabilitätsgrades kann hier nicht wie beim Einstechschleifen an der Stabilitätsgrenze in einer Ebene D_R/D_S = const., d.h. γ_R/γ_S = const. betrachtet werden. Es ist vielmehr erforderlich, den Auflagewinkel β konstant zu halten und die Stabilitätsgrenze in Abhängigkeit von γ_R und γ_S darzustellen.

Eine unter diesen Bedingungen für den Auflagewinkel $\beta = 20^o$ errechnete geometrische Stabilitätskarte ist in Bild 25 wiedergegeben. Die im Rechnerausdruck durch das Zeichen "0" symbolisierten Bereiche sind als stabil anzusehen, d.h. für diese Winkelkombinationen wird der regenerative Formbildungsprozeß zum Abbau eines Anfangsrundheitsfehlers führen.

Es fällt auf, daß für diesen relativ kleinen Auflagewinkel selbst in einem weiten Bereich kaum stabile Einstellungen vorgefunden werden. Die naheliegende Möglichkeit, das relativ breite stabile Band links unten im Bild auszunutzen, muß verworfen werden, wie aus Bild 26 deutlich wird: Dort sind in gleichartiger Darstellung für jede Winkelkonstallation die Wellenzahlen am Werkstückumfang aufgeführt, die sich bevorzugt einstellen werden. Daraus ist zu ersehen, daß die angesprochene Einstellung zwar stabil ist, aber zur Bildung von 5-Eck-Formen neigt.

Profile mit geringer Wellenzahl sind jedoch wegen der damit verbundenen großen Rundheitsfehler unerwünscht, da diese selbst bei geometrisch stabiler Einstellung in normalerweise zur Verfügung stehenden Schleifzeiten nicht bis zu einem befriedigenden Restwert abgetragen werden können.

Die Verfolgung des geometrischen Stabilitätsverhaltens über der Länge des Schleifspalts ist in dieser Darstellung für jede Maschineneinstellung möglich. Der Schleifprozeß verläuft stets bei konstantem Schleifscheibentangentenwinkel mit

$$\gamma_S = \arcsin \left(\frac{2h}{D_S + D_W} \right), \tag{56}$$

d.h. auf einer zur Abszisse parallelen Geraden. Die Richtung des Werkstückdurchlaufs ist zu wachsenden Regelscheibentangentenwinkeln γ_R hin. Der Mittelwert beträgt

$$\bar{\gamma}_R = \arcsin \left(\frac{2h}{D_R + D_W} \right) \quad . \tag{57}$$

Der Bereich des Regelscheibentangentenwinkels $\Delta\gamma_R$ läßt sich mit der vereinfachten Beziehung

$$\Delta\gamma_R \approx \arctan \left(\frac{2\ B_S}{D_R + D_S} \ \tan \alpha \right) \tag{58}$$

näherungsweise mit ausreichender Genauigkeit errechnen.

Die Übertragung bestimmter Bearbeitungsbedingungen in die geometrische Stabilitätskarte ist in Bild 25 demonstriert. Zu Beginn des Durchlaufs streift das Werkstück bei der mit 1 bezeichneten Einstellung einen stabilen Punkt, trifft dann Instabilität an und passiert gegen Ende wieder einen geometrisch stabilen Bereich.

Das zweite Beispiel verdeutlicht den Einfluß von Höhenlage und Neigungswinkel. Mit einer Vergrößerung von h verschiebt sich der Verlauf schräg nach oben, wobei hier gleichzeitig der Bereich $\Delta\gamma_R$ durch den kleineren Neigungswinkel auf etwa die Hälfte des vorherigen Wertes beschränkt wird.

Mit den angegebenen Beziehungen und der Stabilitätskarte wird es also möglich, bei einer Variation der Höhenlage und ggf. des Neigungswinkels das geometrische Stabilitätsverhalten einschließlich der örtlichen Verteilung entlang des Schleifspalts in übersichtlicher Weise gezielt vorherzubestimmen. In speziellen Fällen können hierzu auch die Durchmesser von Schleif- und Regelscheibe herangezogen werden: So führt z. B. eine Verringerung des Schleifscheibendurchmessers bei gleichen Regelscheibentangentenwinkeln zu einer Vergrößerung des Schleifscheibentangentenwinkels γ_S.

Eine insgesamt günstigere Verteilung des geometrischen Stabilitätsverhaltens bietet in <u>Bild 27</u> der Auflagewinkel $\beta = 30^o$. <u>Bild 28</u> enthält wiederum die zugehörigen Wellenzahlen. Bei diesem bereits von Reeka [6] für das Einstechschleifen als günstig herausgestellten Wert stehen für $5^o > \gamma_S > 2^o$ und $10^o > \gamma_R > 4^o$ mehrere stabile Bereiche zur Verfügung.

Bei einer leichten Variation von β bleibt dieses Bild grundsätzlich erhalten, wobei lediglich eine Verschiebung bei $\beta < 30^o$ nach links oben bzw. bei $\beta > 30^o$ nach rechts unten zu beobachten ist. Insgesamt muß aufgrund der vorliegenden Ergebnisse unter dem Gesichtspunkt geometrischer Stabilität auch für das Durchlaufverfahren ein Auflagewinkel in der Größenordnung von 30° als vorteilhaft angesehen werden.

Beginnend mit Auflagewinkeln ab etwa 40° verdichten sich die stabilen Bereiche, wie aus den Bildern 29 und 30 ersichtlich wird. Dabei ist eine Beeinträchtigung durch das Auftreten geringer Wellenzahlen nicht gegeben. Es bleibt jedoch im Einzelfall abzuwägen, wie weit Auflagewinkel dieser Größe genutzt werden können, ohne daß die ungünstigere Belastungsrichtung der Auflageschiene zu unerwünschten Verlagerungen und Schwingungen führt.

Es ist anzumerken, daß die geometrischen Stabilitätskarten in dieser Darstellungsweise ebenso für das Einstechschleifen angewendet werden können, wobei dann nicht ein Bereich, sondern ein einzelner Punkt für γ_R betrachtet wird. Für die Praxis bietet dies insofern Vorteile, als der Auflagewinkel β ohnehin meist als feste Größe vorgegeben ist, während unterschiedliche Scheibendurchmesser und das mit zunehmendem Verschleiß sich ändernde Durchmesserverhältnis auf diese Weise besser berücksichtigt werden können.

Bei der überwiegenden Zahl der Bearbeitungsfälle im Durchlaufverfahren wird es nicht möglich sein, ausschließlich geometrisch stabile Bedingungen zu nutzen. Eng begrenzte, instabile Bereiche können jedoch aus verschiedenen Gründen ohne eine auffallende Beeinträchtigung der Rundheit hingenommen werden: Einerseits ist durch die Längenausdehnung des Werkstücks eine Art der Mittelwertbildung gegeben, so daß sich die geometrischen Gegebenheiten erst dann voll auswirken können, wenn sie in einem der Werkstücklänge nahekommenden Bereich konstant sind.

Außerdem ist der Verlauf des Stabilitätsgrades im Bereich der Stabilitätsgrenze stetig, so daß jenseits zwar grundsätzlich instabiles Verhalten erwartet werden muß, wobei dieser Vorgang jedoch nahe der Grenze nur so langsam fortschreitet, daß während der wenigen zur Verfügung stehenden Werkstückumdrehungen nur ein geringer Effekt auf den Rundheitsfehler gegeben ist.

In Fällen, wo trotz Ausnutzung der bisher aufgezeigten Möglichkeiten der Durchgang durch einen breiten geometrisch instabilen Bereich nicht vermieden werden kann, ist zu erwägen , ob dieser in die Schruppzone oder in die Schlichtzone des Schleifspalts zu verlegen ist. In diesem Zusammenhang muß daran erinnert werden, daß die Erscheinungen der geometrischen Stabilität nicht den gesamten Bereich der komplexen Zusammenhänge umfassen, die den Rundungsprozeß des Werkstücks bestimmen. Insbesondere aufgrund der Tatsache, daß in einer Berechnung des Stabilitätsverhaltens Verformungen mit sinnvollem Aufwand z. Zt. noch nicht berücksichtigt werden können, muß bei zunehmenden Schnittkräften oder auch bei nachgiebigen Werkstücken die Aussagekraft einer allein geometrischen Rechnung relativiert werden. So wird in praktischen Versuchen die Erscheinung beobachtet, daß unter Schruppbedingungen große Anfangsrundheitsfehler auch bei Einstellungen in der Nähe, aber doch außerhalb des geometrisch stabilen Bereichs zu einem großen Teil abgebaut werden. Im allgemeinen kann der so erzielte Rundheitsfehler im Verlauf der anschließenden Schlichtbearbeitung unter geometrisch stabilen Bedingungen beseitigt werden. Hier kommt der praktische Rundungsprozeß den theoretischen Erwartungen aufgrund geringerer Schnittkräfte und Verformungen wesentlich näher.

Es muß somit im Interesse geringer Endrundheitsfehler als sinnvoll angesehen werden, einen ggf. unvermeidlichen instabilen Bereich in die Schruppzone des Schleifspaltes zu verlegen.

Die Berücksichtigung von Verformungen wird auch an einem werkstückgebundenen Spezialproblem deutlich:

Bild 31 zeigt die in der industriellen Fertigung über einen längeren Zeitraum empirisch ermittelte Abhängigkeit der optimalen Höhenlage von Durchmesser und Steifigkeit der Werkstücke, in diesem Fall Wälzlagerringe [14] .

Es ist zu erkennen, daß erst mit zunehmender Steifigkeit des Werkstücks der Verlauf der Höhenlage dieselbe Steigung annimmt, die eine allein unter dem Gesichtspunkt der geometrischen Stabilität ermittelte Kurve konstanten Tangentenwinkels besitzt.

Diese Abhängigkeit wird durch die Maschinenkonstruktion in der Weise beeinflußt, daß mit geringerer Maschinensteifigkeit die Kurven für jeweils gleiche Steifigkeit des Werkstücks steiler verlaufen.

4. EXPERIMENTELLE UNTERSUCHUNGEN

4.1 Versuchsanlage und Meßverfahren

Zur Durchführung der praktischen Schleifversuche wurde eine moderne spitzenlose Außenrundschleifmaschine (Bild 32 ohne Sekundärschutzhauben) mittlerer Baugröße ausgewählt, die durch folgende Daten gekennzeichnet ist:

Bauart:	Herminghausen SR 45/1
Schleifscheiben-abmessungen:	∅ 600 x 300 x 305 mm
Regelscheiben-abmessungen:	∅ 350 x 340 x 127 mm
Werkstückdurch-messer:	∅ 2 - 150 mm

Bei diesem Maschinentyp verfügen Schleif- und Regelscheibe über eine beidseitige hydrodynamische Gleitlagerung. Der Schleifspindelstock ist mit dem Bett fest verbunden, so daß keine Beeinträchtigung der Steifigkeit durch Führungen gegeben ist. Die Auflageschiene ist in der Führungsbrücke auf dem Regelscheibensupport angeordnet. Zur Anpassung an den zu schleifenden Werkstückdurchmesser können diese relativ zueinander verstellt werden. Die Zustellbewegung führen Regelscheibe und Werkstück gemeinsam aus. Der Regelscheibenschlitten ist rollengeführt. Die Maschine besitzt ferner eine elektromechanische Feinzustellung über Schrittmotor/Spindel/Mutter. Die Regelscheibenspindel wird über Schnecke/Schneckenrad von einem thyristorgeregelten Gleichstrommotor angetrieben. Dadurch ist eine stufenlose Drehzahlstellung im Bereich von ca. 45 - 600 min^{-1} möglich.

In Abänderung der serienmäßigen Ausstattung wurde zum Antrieb der Schleifspindel ein thyristorgesteuerter Gleichstrommotor mit einer Leistung von 55 kW eingesetzt.

Für die Erfordernisse des Hochgeschwindigkeitsschleifens war die Maschine - auch in sicherheitstechnischer Hinsicht - bereits gerüstet. Aufgrund vorangegangener Erfahrungen schien es jedoch geraten, die Zuführung des Kühlschmierstoffs zu verbessern. Dies ist mit der in Bild 33 schematisch gezeigten Anordnung geschehen: Direkt über der Schnittstelle befindet sich eine Überflutungsdüse, deren hoher Durchsatz eine schnelle Wärmeabfuhr vom Werkstück ermöglicht. Zusätzlich sind am Umfang der Schleifscheibe zwei Hochdruck-Reinigungsdüsen angebracht. Damit wird einerseits ein Freispülen der Porenräume und andererseits eine intensive Benetzung der Schleifscheibenperipherie mit den schmierwirksamen Substanzen im Kühlschmierstoff angestrebt. Eine stark dimensionierte Hochdruck-Kreiselpumpe mit einem maximalen Durchsatz von ca. 300 l/min bei einem Druck von 15 bar wurde zur Versorgung eingesetzt. Der Nutzen derartiger Systeme ist bereits mehrfach dargestellt worden, so daß dies hier nicht Gegenstand spezieller Untersuchungen sein muß.

Zur Reinigung des Kühlschmierstoffs durch Hydrozyklone stand mit einer Anlage des Typs Zyklomat EAH 4/400 eine den vorliegenden Erfordernissen angepaßte Sonderausführung zur Verfügung.

Als Versuchswerkstück wurde, wenn nicht anders angegeben, die in Bild 34 näher bezeichnete Welle gewählt. Trotz der Tatsache, daß einige Erscheinungen beim spitzenlosen Schleifen werkstückgebunden sind, kann eine gute Übertragbarkeit der Versuchsergebnisse auf einen sehr weiten Bereich industrieller Schleifoperationen angenommen werden.

Dadurch, daß das Werkstück nur auf etwa der halben Länge zu schleifen war, konnten unter Ausnutzung der vollen Schleifscheibenbreite mit realis tischem Schleifaufmaß auch extreme Durchlaufgeschwindigkeiten untersucht werden, ohne daß übermäßige Schleifkräfte vorzeitig zum Rattern führten.

Bei den praktischen Laborversuchen wurden weiterhin in der Regel die folgenden Bedingungen konstant gehalten:

Schleifscheibe: EKw 60/2 P 5 Ba

Diese Spezifikation hatte sich in vorangegangenen Untersuchungen in der industriellen Praxis als günstig erwiesen.

Die Kontur der Schleifscheibe wurde bei einer wirksamen Schleifbreite von $B_{S\,eff} = 230$ mm stets geradlinig gehalten. Verschiedene Werte für die Konizität des Schleifspalts wurden durch Schwenkung der konstruktiven Einheit von Regelscheibe und Auflageschiene relativ zur Schleifscheibe realisiert. Dadurch ist die Reproduzierbarkeit der Schleifspaltkonizität bzw. des Zerspanleistungsverlaufs sichergestellt. Um das Arbeitsergebnis bei verschiedenen Einstellbedingungen nicht zu verfälschen, wurde stets ohne Ausfunkzone gearbeitet. Bei entsprechender Reduzierung der Schleifbreite sind die Versuchsergebnisse sinngemäß auch auf die einzelnen Abschnitte einer gestuft kegeligen Schleifscheibenkontur übertragbar.

Die Abrichtbedingungen der Schleifscheibe wurden wie folgt festgesetzt:

Abrichtwerkzeug:	Diamant-Doppelfliese
Abrichtvorschub:	$s_d = 0,15$ mm/U

Abrichtzustellung: $a_d = 20\,\mu m/Hub$

Abrichtdrehzahl: $n_s = 1910\ min^{-1}$

Die Regelscheibe der Zusammensetzung NK 90/120 Q 25 Gu wurde als korrigiertes Rotationshyperboloid unter Zugrundelegung folgender Beziehungen abgerichtet [12] :

Korrekturwinkel α_3

$$\alpha_3 = \frac{\alpha}{\sqrt{1+\frac{D_W}{D_R}}} \qquad (42)$$

$$h_o = \frac{h}{1+\frac{D_W}{D_R}} \qquad (59)$$

Höhenlage des Abrichtdiamanten

$$h_1 = h_o \frac{\alpha_3}{\alpha} \qquad (60)$$

Die stabilitätsrelevanten Größen der Schleifspaltgeometrie betragen

Auflagewinkel $\beta = 30^o$

mittl. Tangentenwinkel $\bar{\gamma} = 8^o$

Als Kühlschmierstoff kam eine 4%ige, vollsynthetische Emulsion zum Einsatz.

Angesichts der relativ komplizierten Maschineneinstellung bei gleichzeitig sehr hohen Genauigkeitsansprüchen kommt der Reproduzierbarkeit der Schleifspaltgeometrie besondere Beachtung zu. Als Hilfsmittel wurde daher eine geeignete Meßvorrichtung entwickelt, die eine zufriedenstellende Justage erleichterte (Bild 35).

Diese Einrichtung gestattete die Abtastung der Konturen von Schleif- und Regelscheibe in der Höhe der Werkstückberührlinie. Gleichzeitig konnte der axiale Verlauf des radialen Schleifscheibenverschleißes abgetastet werden.

In Vorversuchen war es erforderlich zu klären, ob die aufgrund der Maschineneinstellung zu erwartende Werkstückkinematik durch Schlupf beeinträchtigt wird. Dazu wurden unter verschiedenen Bedingungen auf berührungslosem Wege Drehfrequenz und Axialgeschwindigkeit des Werkstücks direkt aufgenommen und mit den rechnerischen Werten verglichen. Es stellte sich dabei heraus, daß Axial- und Umfangsschlupf für die vorgesehenen Untersuchungen vernachlässigt werden konnte.

Die Bewertung der Rundheit geschliffener Werkstücke wurde nach DIN 7184 vorgenommen. Der Rundheitsfehler f_r repräsentiert danach die Radiusdifferenz zwischen dem kleinsten Umkreis des Istprofils und dem größten dazu konzentrischen Inkreis.

Beim Vergleich von Rundheitsfehlern muß beachtet werden, daß bis Mai 1972 DIN 7182 Gültigkeit hatte. Darin war der Rundheitsfehler als Durchmesserdifferenz definiert, so daß sich gegenüber dem heutigen Verfahren der doppelte Zahlenwert ergab.

Die Messungen wurden auf einem Talyrond-Gerät der Firma Taylor/Hobson durchgeführt. Es wurde stets, um ein möglichst wirklichkeitsgetreues Bild des Werkstückprofils zu erhalten, zunächst ein Normalfilter mit einem Durchlaßbereich von 1-450 Perioden auf dem Umfang verwendet. Es ergeben sich dadurch relativ höhere Werte für den Rundheitsfehler als bei der Zwischenschaltung von Hoch- bzw. Tiefpässen, wie sie für spezielle Betrachtungen eingesetzt werden.

Als Maß für die Oberflächengüte der Schleifproben diente der Mittenrauhwert R_a, der, solange keine speziellen Funktionsanforderungen vorliegen, ein gutes allgemeines Beurteilungskriterium darstellt. Die Ergebnisse wurden mit einem elektrischen Tastschnittgerät Perth-O-Meter Type Universal S4B bestimmt. Es kam ein halbstarres Tastsystem HT 25/6 zum Einsatz. Der Tastweg beträgt einheitlich 5 mm, die Tastgeschwindigkeit 0,6 mm/s. Alle Meßergebnisse stellen das arithmetische Mittel aus mindestens 5 Einzelmessungen dar.

4.2 Dynamisches Verhalten der Versuchsmaschine

Die Stabilität des spitzenlosen Schleifprozesses wird wesentlich durch das dynamische Verhalten der Maschine bestimmt. Zur Vermeidung von unerwünschten Beeinträchtigungen des Arbeitsergebnisses ist es daher von Nutzen, die Nachgiebigkeiten, Eigenfrequenzen und Schwingungsformen der während der Bearbeitung im Kraftfluß liegenden Maschinenteile zu kennen, so daß eine Abstimmung der Einstellparameter auf das kritische Verhalten dieser Bauteile vorgenommen werden kann.

Zu einer überschlägigen Analyse eignen sich insbesondere Erregerversuche, die Aufschluß über die frequenzabhängige Nachgiebigkeit wesentlicher Bauteile und entsprechender Schwingungsformen der Maschine geben.

Im Hinblick auf eine prozeßbezogene Beanspruchung der relevanten Bauteile wurde eine sinusförmige Relativerregung zwischen Schleif- und Regelscheibe gewählt. Wegen der beengten Platzverhältnisse im Schleifspalt erwies es sich allerdings als günstiger, den Erreger nicht direkt zwischen Schleif- und Regelscheibenspindel, sondern an der Oberkante der Spindelstöcke anzubringen (Bild 36). Die Bauteilverlagerungen wurden mit einem absoluten Wegaufnehmer in x-Richtung gemessen Wenn auch der Einfluß der hydrodynamischen Schleif- und Regelscheibenlagerung mit dieser Anordnung nicht erfaßt werden kann, so läßt sich doch die Nachgiebigkeit der Zustellspindel an der Regelscheibenseite beschreiben, die für die Steifigkeit im Schleifspalt von zentraler Bedeutung ist. Alle Messungen wurden mit Hilfe eines Fourier-Analysators ausgewertet, der die Verarbeitung sinusförmiger und stochastischer Erregerfrequenzen erlaubt.

Bild 37 zeigt den absoluten Nachgiebigkeitsfrequenzgang des Regelspindelstockes in x-Richtung. Die Darstellung weist zwei deutliche Frequenzüberhöhungen bei 43 und 120 Hz mit einer Nachgiebigkeit von 0,024 bzw. 0,022 μm/N aus. Bei einer Erregerfrequenz von 43 Hz tritt eine deutliche Verlagerung des Regelscheibensupports in Kraftrichtung auf, wie die zugehörige Schwingungsform verdeutlicht (Bild 36). Obwohl die Messung bei feststehendem Regelscheibensupport, d.h. in der für das Durchgangschleifen vorgesehenen arretierten Stellung, durchgeführt wurde, traten bei einer sinusförmigen Krafteinleitung von maximal 1000 N Verlagerungen bis zu 26 μm am Schlitten auf, die während des Schleifprozesses mit Sicherheit schon zu einer Beeinträchtigung der Werkstückgenauigkeit führen dürften. Als Ursache für diese Verlagerung ist die im Vergleich zu den anderen Bauelementen geringe Steifigkeit der Zustelleinheit mit Spindel und Getriebe anzusehen. Es muß jedoch darauf hingewiesen werden, daß die dargestellte Verlagerung des Regelscheibensupportes nur bei der angeführten Resonanzfrequenz von 43 Hz in diesem Umfang auftritt. Bei Rattern während des Schleifprozesses ist jeweils zu prüfen, ob der Regelscheibenschlitten durch Antriebselemente, durch eine periodische Unrundheit des Werkstückes oder Störungen, die über das Fundament in die Maschine eingeleitet werden, erregt wird. Ähnliches gilt für die Frequenz von 120 Hz, bei der ebenfalls eine deutliche Überhöhung auftritt.

Weitergehende Untersuchungen haben gezeigt, daß negative Einflüsse von Unwuchten an Schleif- und Regelscheibe durch sorgfältiges Auswuchten weitgehend vermieden werden können. Frequenzspektren, die bei laufender Schleif- und Regelscheibe aufgenommen wurden, wiesen für die den jeweiligen Drehzahlen entsprechenden Frequenzen keine Überhöhungen auf.

Von entscheidender Bedeutung für die Erzielung eines stabilen Schleifprozesses ist die Steifigkeit der Auflageschiene. Durch Aufnahme einer Abklingkurve wurde daher die Resonanzfrequenz dieses Bauteils ermittelt. Bild 37(unten) zeigt das Frequenzspektrum, das aus der Abklingkurve mit Hilfe des Fourier-Analysators nach Aufbringen eines Schlagimpulses ermittelt wurde. Die Resonanzfrequenz liegt offensichtlich bei 600 Hz und dürfte als Plattenschwingung der Auflageschiene zu interpretieren sein.

Mit Aufnahme des dynamischen Verhaltens der Schleifmaschine und wesentlicher im Kraftfluß liegender Maschinenteile ist die Möglichkeit gegeben, bei Auftreten eines instabilen Schleifprozesses geometrisch und dynamisch bedingte Ursachen gegeneinander abzugrenzen.

Die statische Maschinensteifigkeit erlaubt demgegenüber unmittelbar nur eine Aussage über Maßstreuungen der Werkstücke bei schwankenden Schnittkräften. Sie ist jedoch in der betrieblichen Praxis schnell und mit geringem meßtechnischen Aufwand zu ermitteln, so daß diese Kenngröße vielfach zu einer abschätzenden Beurteilung der Maschinenkonstruktion herangezogen wird [14] .

4.3 Einfluß der Schleifbedingungen auf das Arbeitsergebnis

4.3.1 Rundheitsfehler

Beim spitzenlosen Schleifen tritt neben den allen Schleifverfahren eigenen Forderungen nach hoher Oberflächengüte und Maßgenauigkeit die Werkstückrundheit als problematischster Bereich der Formgenauigkeit in den Vordergrund.
Nachdem bereits auf die Voraussetzungen für eine geometrisch stabile Schleifspalteinstellung eingegangen wurde, soll nun der Rundungsprozeß, zunächst ohne Störungen durch gesteigerte spez. Zerspanleistung, im praktischen Versuch betrachtet werden.

4.3.1.1 Ungestörter Rundungsprozeß

Es wurden vorgeschliffene Werkstücke verwendet, an denen in Form einer Fase gezielt ein Anfangsrundheitsfehler von durchschnittlich 25 µm angebracht war. Dadurch war einerseits größtmögliche Reproduzierbarkeit sichergestellt, andererseits enthält eine Anfasung auch in guter Näherung sämtliche harmonischen Fehler höherer Ordnung auf dem Umfang des Werkstücks [6]

Um die getrennt erst später betrachteten instationären Störungen des Prozesses zunächst weitgehend fernzuhalten, wurde mit 2,7 m/min ein mäßiger Wert für die Durchlaufgeschwindigkeit gewählt. Eine geometrisch stabile Einstellung wurde bei einem mittleren Tangentenwinkel $\overline{\gamma} = 8^o$ realisiert. Durch die relativ große zu schleifende Länge am einzelnen Werkstück war der günstige Effekt gegeben, daß sich ein örtlich begrenzter geometrisch instabiler Bereich innerhalb des Schleifspalts auf die gesamte Formbildung nur unwesentlich auswirken konnte.

Die Versuchsergebnisse für verschiedene Neigungswinkel und zwei Aufmaße sind als bezogene Rundheitsfehlerabnahme in Abhängigkeit der Überschliffzahl in <u>Bild 38</u> aufgetragen. Der Kurvenverlauf steht in guter Übereinstimmung mit früher bereits beim Einstechschleifen gewonnenen Erkenntnissen. Der Rundheitsfehler verbessert sich sprunghaft schon innerhalb der ersten 30 bis 50 Werkstückumdrehungen und nähert sich dann asymptotisch einem Endwert.

Mit unterschiedlichem Aufmaß ΔD_W ändern sich bei konstanter Durchlaufgeschwindigkeit v_a auch die spez. Zerspanleistung Z' sowie bei gleicher Überschliffzahl auch die Zustellung pro Werkstückumdrehung. Dieser Einfluß tritt in dem Sinne hervor, daß höhere Werte von Z' zunächst eine schnellere Verbesserung des Rundheitsfehlers bewirken, bei höheren Überschliffzahlen aber ein geringfügig schlechteres Arbeitsergebnis hinterlassen. Der anfänglich günstige Effekt höherer Zerspanleistungen ist darauf zurückzuführen, daß unter Bedingungen, die die Konvergenz des Rundungsprozesses grundsätzlich ermöglichen, diese um so schneller fortschreiten kann, je mehr Werkstoffvolumen pro

Umdrehung des Werkstückes abgetragen wird. Es kommt hinzu, daß die Kontaktzone Schleifscheibe/Werkstück bei höheren Schnittkräften eine größere Steifigkeit besitzt. Bei Erreichen des Endrundheitsfehlers , wo sich vor allem nur noch Ungleichförmigkeiten des Schnittprozesses oder äußere Störungen bemerkbar machen, kehrt sich dieses Verhalten um, so daß hier höhere Zerspanleistungen leicht nachteilig erscheinen.

Hinsichtlich der Auswirkung verschiedener Neigungswinkel können folgende Schlüsse aus den Ergebnissen gezogen werden: Der kleinste Wert $\alpha = 1,5^{\circ}$ liefert mit einer Überschliffzahl von etwa 140 bereits im ersten Durchgang optimale Rundheit. Zur Erzielung eines gleich guten Ergebnisses sind bei $\alpha = 3^{\circ}$ zwei bzw. bei $\alpha = 4,5^{\circ}$ drei Durchgänge erforderlich. Eine Erhöhung des Neigungswinkels, die aus später noch zu beschreibenden Gründen sinnvoll sein kann, ist zwar mit einer Verringerung der Überschliffzahl pro Durchgang verbunden, jedoch ohne daß sich dies im asymptotischen Bereich der Kurven signifikant verschlechternd auf das Arbeitsergebnis auswirkte. Selbst der größte Neigungswinkel $\alpha = 6^{\circ}$ gestattet bereits im ersten Durchgang eine Reduzierung des Anfangsrundheitsfehlers auf etwa 20%. In diesem Bereich der Kurven wirkt sich ein größeres Aufmaß sehr vorteilhaft aus.

Bei der Betrachtung dieser Zusammenhänge muß ebenfalls der Werkstückdurchmesser berücksichtigt werden: Eine Vergrößerung von D_W bewirkt bei gleicher Maschineneinstellung einen proportionalen Rückgang der Überschliffzahl. Damit ist für den Abbau des Rundheitsfehlers auf einen vergleichbaren Wert entweder eine größere Anzahl von Durchgängen oder ein kleinerer Neigungswinkel erforderlich.

Andererseits wird z. B. bei der Bearbeitung von Lagernadeln im Durchmesserbereich um 5 mm auch ein sehr großer Neigungswinkel noch einen vollständigen Rundungsprozeß gestatten.

Somit können die Erkenntnisse über den geometrisch stabilen und nicht durch dynamische Störungen beeinträchtigten Rundungsprozeß wie folgt zusammengefaßt werden:

- Ein vorhandener Rundheitsfehler nimmt mit wachsender Überschliffzahl stark degressiv bis zu einem konstanten Endwert ab.
- Größere spez. Zerspanleistung bzw. ein größeres Aufmaß wirken sich im Bereich starken Abfalls günstig, im Bereich der Asymptote dagegen leicht nachteilig aus.
- Zur Realisierung eines optimalen Rundheitsfehlers ist eine minimale Überschliffzahl erforderlich, verbunden mit einer entsprechenden Mindestzahl von Durchgängen bzw. einem maximalen Neigungswinkel. Größere Werkstückdurchmesser erfordern proportional kleinere Neigungswinkel oder mehr Durchgänge.

4.3.1.2 Einfluß gesteigerter Zerspanleistung

Bei realistischen Toleranzforderungen ist es in der industriellen Praxis vielfach nicht sinnvoll, die Prozeßtechnologie ausschließlich an der Erzielung eines optimalen Arbeitsergebnisses zu orientieren. Vielmehr sollte eine sichere Beherrschung der Interdependenz von leistungs- und qualitätsbestimmenden Faktoren die gezielte Wahl des besten Kompromisses unter Einhaltung gegebener Grenzen ermöglichen.

Unter diesem Gesichtspunkt soll im folgenden die Betrachtung der geometrischen Voraussetzungen und des ungestörten kinematischen Ablaufs des Rundungsvorgangs erweitert werden. Von besonderem Interesse ist dabei die Frage, in welchem Maße wesentlich gesteigerte Zerspanleistungen das Arbeitsergebnis, hier zunächst die Rundheit, beeinflussen und wie dann eine optimale Abstimmung der die Zerspanleistung bestimmenden Faktoren vorgenommen werden kann.

Bei den diesbezüglichen Versuchen wurde mit verschiedenen Neigungswinkeln und Aufmaßen die Durchlaufgeschwindigkeit v_a bis zur Rattergrenze erhöht.

Es ergab sich bei dem kleinsten untersuchten Neigungswinkel von $\alpha = 1,5^o$ ein hier nicht dargestelltes, uneinheitliches Erscheinungsbild. Die Axialkomponente der Regelscheibengeschwindigkeit reichte mit ihrem Anteil von 2,6% offensichtlich nicht aus, um einen reproduzierbar gleichmäßigen Werkstücktransport zu gewährleisten.

Eine klare Abhängigkeit ist dagegen für $\alpha = 3^o$ aus Bild 39 zu ersehen. Der jeweils nach einem Durchlauf erreichte Rundheitsfehler nimmt bei absolut besten Werten für das Schlichtaufmaß $\Delta D_W = 0,02$ mm stetig, wenn auch nur leicht mit der Durchlaufgeschwindigkeit zu. Ein Grenzwert wird, verbunden mit einer plötzlich eintretenden, erheblichen Verschlechterung des Arbeitsergebnisses für $\Delta D_W = 0,02$ mm und 0,1 mm bei einer Durchlaufgeschwindigkeit um 15 m/min erreicht. Damit ist in beiden Fällen eine Drehzahl des Werkstücks von etwa 5000 min^{-1} verbunden.

Die Erklärung für dieses Verhalten liegt in den erheblichen Massenkräften, die bei derartigen Drehzahlen schon durch geringe Unwuchten im Werkstück entstehen und den Schleifprozeß stören. Diese Erscheinung konnte am Zapfen am Ende des Versuchswerkstücks gut beobachtet werden. Eine Beeinträchtigung war bei Werkstückdrehzahlen über 5000 min^{-1} auch durch verstärkt auftretende Preßschweißungen und Riefenbildung an der Auflageschiene gegeben.

Das den Bedingungen im Vorschliff zuzuordnende Aufmaß von 0,2 mm ist bei gleicher Durchlaufgeschwindigkeit mit der höheren spez. Zerspanleistung verbunden. Aus diesem Grund wird hier schon weit unter der kritischen Werkstückdrehzahl die Rattergrenze aufgrund übermäßiger Schnittkräfte erreicht.

Aus der relativen Lage der Kurven ist im Bereich unterhalb der jeweiligen Grenzbedingung ebenfalls ein nachteiliger Effekt höherer spez. Zerspanleistung bzw. größerer Zustellung pro Werkstückumdrehung auf die Werkstückrundheit abzulesen.

Die Werkstückdrehzahl von etwa 5000 min^{-1} begrenzt auch bei dem nächstgrößeren Neigungswinkel $\alpha = 4{,}5^{\circ}$ die Bedingungen für einen stationären Schleifprozeß (Bild 40). Dennoch können bereits um 50% höhere Durchlaufgeschwindigkeiten ausgeschöpft werden. Das Niveau der Kurven verschiebt sich insgesamt zu höheren Rundheitsfehlern. Dies mußte nach den Ergebnissen aus Bild 38 bei der hier vorliegenden geringeren Überschliffzahl erwartet werden.

Diese Tendenzen setzen sich auch bei dem größten an der Versuchsmaschine zu realisierenden Neigungswinkel $\alpha = 6^{\circ}$ fort, wie aus Bild 41 zu ersehen ist. Das abermals günstigere Verhältnis von Werkstückdrehzahl zu Durchlaufgeschwindigkeit ermöglicht für ΔD_W = 0,1 mm und 0,02 mm eine Steigerung auf Werte von v_a um 40 m/min, während die kritische Werkstückdrehzahl annähernd erhaltenbleibt. Unter Schruppbedingungen wird die Rattergrenze wie zuvor bereits früher erreicht. Insgesamt ist aufgrund des weiteren Rückgangs der Überschliffzahl auch eine Verschlechterung der Rundheit gegeben.

Die Abhängigkeit des Rundheitsfehlers von der bei gleichem Verhältnis $l_{W\,eff}/l_W$ die Produktivität des Schleifprozesses kennzeichnenden spezifischen Zerspanleistung Z' ist in Bild 42 für ein gegebenes Aufmaß im Vorschliff von ΔD_W = 0,1 mm und alle untersuchten Neigungswinkel zusammengefaßt. Es wird wiederum deutlich, daß die erreichbare Werkstückrundheit mit zunehmendem Z' schlechter wird, was aufgrund der vorher dargelegten Zusammenhänge auch erklärlich ist. Beachtung verdient vielmehr die Tatsache, daß diese Abhängigkeit durch die Wahl des bestgeeigneten Neigungswinkels optimiert werden kann, indem stets die Einhüllende der einzelnen im Bild dargestellten Kurvenzüge ausgenutzt wird. Auf diese Weise wird der Anstieg des Rundheitsfehlers auf einen Minimalwert begrenzt, der aufgrund der jeweiligen Einflußgrößen des Rundungsprozesses wie Überschliffzahl, Zustellung pro Werkstückumdrehung und die mit Z' steigenden Schnittkräfte nicht weiter zu unterschreiten ist.

Bild 43 zeigt, daß analoge Zusammenhänge auch für das unter Schlichtbedingungen anzutreffende Aufmaß ΔD_W = 0,02 mm wirksam sind. Ein prinzipiell gleicher Kurvenverlauf wird infolge der wesentlich geringeren spez. Zerspanleistung lediglich zu besseren Rundheitswerten verschoben.

Die Kenntnis der Einflußgrößen des ungestörten und nun auch des gestörten Rundungsprozesses kann sinngemäß ebenfalls auf andere Werkstückdurchmesser übertragen werden.

Stichpunktartig ist folgendes festzuhalten:

- Eine Erhöhung der spez. Zerspanleistung muß immer mit einer zunächst stetigen Verschlechterung der Rundheit erkauft werden, weitgehend unabhängig davon, ob für die Steigerung ein großes Aufmaß oder eine hohe Durchlaufgeschwindigkeit maßgebend war.
- Die maximale Zerspanleistung ist erreicht, wenn entweder aufgrund der auftretenden Schnittkräfte die Rattergrenze der Maschine erreicht wird oder wenn übermäßige Werkstückdrehzahlen infolge von Massenkräften und Reibungsproblemen an der Auflageschiene zu einer instationären Werkstückbewegung führen. Beides ist mit einer plötzlich eintretenden, erheblichen Verschlechterung der Werkstückrundheit verbunden.
- Grundsätzlich ist ein kleiner Neigungswinkel wegen der damit verbundenen hohen Überschliffzahl vorteilhaft.
- Größere Neigungswinkel erlauben es jedoch, solange die dynamische Steifigkeit der Maschine noch nicht ausgeschöpft ist, die durch die Werkstückdrehzahl vorgegebene Grenzzerspanleistung u. U. erheblich zu steigern. Hiermit ist eine nur geringfügige Beeinträchtigung des Arbeitsergebnisses verbunden.
- Zur Leistungssteigerung bei einer großen Anzahl von Bearbeitungsfällen, insbesondere bei kleinen Werkstückdurchmessern oder Teilen, die zur Unwucht neigen, erscheint

es sinnvoll, den heute üblicherweise zu realisierenden Bereich des Neigungswinkels zu vergrößern.

4.3.2 Oberflächenrauheit

Das zweite wichtige Kriterium zur Beurteilung des Arbeitsergebnisses beim spitzenlosen Schleifen ist die erzielte Oberflächengüte des Werkstückes, wenn auch dieses Problem nicht prozeßspezifisch ist wie die Ausbildung des Rundheitsfehlers. Allerdings sind durch die spezielle Kinematik von Werkstück und Schleifscheibe besondere Verknüpfungen der die Rauheit des Werkstücks bestimmenden Größen zu beachten, so daß eine Übertragbarkeit der Erkenntnisse anderer Schleifverfahren nur indirekt möglich ist.

4.3.2.1 Einfluß der Abrichtbedingungen

Der Einfluß unterschiedlicher Abrichtbedingungen der Schleifscheibe auf die Oberflächengüte des Werkstücks ist nicht nur unter rein technologischen, sondern insbesondere auch unter Kostengesichtspunkten von Interesse, zumal in Anbetracht des dem spitzenlosen Schleifens eigenen guten Verhältnisses von Haupt- zu Nebenzeiten die Abrichtzeit stark zu beachten ist.

Es wurde daher zunächst untersucht, wie sich verschiedene Abrichtbedingungen auf die im Schruppschliff und im Feinschliff erzielte Oberflächengüte auswirken. Die diesbezüglichen Ergebnisse sind in Bild 44 dargestellt, wobei als unabhängige Variable der stark kostenwirksame Abrichtvorschub s_d gewählt ist. Es zeigt sich unter Schruppbedingungen ein ausgeprägt unterschiedliches Verhalten des Diamant-Igels gegenüber der Diamant-Doppelfliese. Das Abrichten mittels Fliese führte mit zunehmendem Vorschub zu etwa proportional steigenden Mittenrauhwerten. Diese Tendenz wird für den Vielkornabrichter erst jenseits des Bereichs $0,1 < s_d < 0,25$ deutlich.

Diese Erscheinung steht in guter Übereinstimmung mit neueren Erkenntnissen über die Topographie des peripheren Schneidenraumes unterschiedlich abgerichteter Schleifscheiben [15] . Danach erzeugt eine Fliese insbesondere in größerer Tiefe eine deutlich kleinere Anzahl von Schneiden pro Flächeneinheit. Dies resultiert in einer größeren Rauheit der geschliffenen Fläche. Als wichtiges Ergebnis bleibt daher festzuhalten:

- Das Abrichten der Schleifscheibe mit Vielkornabrichter erlaubt bei gleicher Oberflächengüte des Werkstückes wesentlich größere Abrichtvorschübe als bei der Verwendung von Fliesen.

Ein interessantes Verhalten zeigt sich auch unter Schlichtbedingungen: Unterschiede hinsichtlich des Abrichtwerkzeugs wie auch des Abrichtvorschubs sind so gering, daß sie innerhalb des normalen Streubereiches liegen. Dies ist erklärlich angesichts der sehr geringen radialen Zustellung pro Werkstückumdrehung im Schlichtprozeß: Bei einem Wert von $a = 0,14$ µm/U kommt nur ein extrem kleiner Bereich des äußeren Schneidenraumes mit dem Werkstück in Eingriff. In diesem Bereich ist auch bei einer Auswertung der Schleifscheibentopographie kein signifikanter Einfluß der Art des Abrichtwerkzeuges erkennbar. Weiterhin muß die verbreitete Praxis, den kostenwirksamen Abrichtvorschub beim Feinschleifen unter einen dem mittleren Korndurchmesser entsprechenden Wert (hier 275 µm) zurückzunehmen, als technologisch nicht gerechtfertigt erscheinen.

4.3.2.2 Einfluß der spez. Zerspanleistung

Zur Untersuchung des Einflusses der spez. Zerspanleistung wurde bei verschiedenen Neigungswinkeln und Durchlaufgeschwindigkeiten der erzielte Mittenrauhwert R_a gemessen. Es ist anzumerken, daß stets ohne eine Ausfunkzone am Schleifscheibenprofil geschliffen wurde, um gezielt die Wirkung verschiedener Kontursteigungen bewerten zu können. Insofern liegen die Absolutwerte der Rauheit recht hoch, während jedoch eine Vergleichbarkeit untereinander gegeben ist.

Die Ergebnisse sind in <u>Bild 45</u> für das Aufmaß $\Delta D_W = 0,1$ mm zusammengefaßt über der spez. Zerspanleistung Z' aufgetragen. Aufgrund theoretischer und vergleichender Überlegungen können verschiedene Einflüsse zur Interpretation des Kurvenverlaufs herangezogen werden. Mit größerer Zustellung pro Umdrehung des Werkstücks wie auch mit größerer Werkstückgeschwindigkeit nimmt die Spandicke zu, was mit einer größeren Rauheit verbunden ist.

Unter diesem Gesichtspunkt könnten bei konstantem Aufmaß große Neigungswinkel Vorteile besitzen, weil sie bei gleicher Durchlaufgeschwindigkeit die geringere Werkstückumfangsgeschwindigkeit mit sich bringen. Als nachteilig wird sich indessen auswirken, daß der radiale Werkstoffabtrag dann auf eine geringere

Anzahl von Werkstückumdrehungen verteilt wird. Aus den praktischen Versuchsergebnissen wird deutlich, daß der negative Einfluß der Zustellung a die bei großen Neigungswinkeln gewonnene Minderung der Werkstückumfangsgeschwindigkeit überkompensiert. So erscheinen bei einer allgemeinen Verschlechterung der Rauheit mit zunehmender spez. Zerspanleistung insbesondere größere Neigungswinkel als leicht nachteilig. Der Kurvenverlauf für $\alpha=1,5^{\circ}$ fällt dabei aus dem Rahmen, weil hier, wie auch aus den zugehörigen Rundheitsfehlern zu ersehen war, der Schleifprozeß schon bei sehr geringen Zerspanleistungen instationär wurde. Unter diesen Bedingungen erweist es sich für eine sehr genaue Vorhersage oder auch reproduzierbare Herstellung eines bestimmten Rauheitswertes als problematisch, daß momentane Werkstückverlagerungen im Verlauf des Rundungsprozesses zu unkontrollierbaren Schnitttiefenänderungen führen können, die sich in jedem Falle nachteilig auf die Oberflächengüte auswirken.

Dies gilt verstärkt auch für das Schlichtaufmaß $\Delta D_W = 0,02$ mm, verbunden mit auf 20% reduzierten Werten für die spez. Zerspanleistung und die Zustellung a (<u>Bild 46</u>). Hier scheint es sicherlich nicht mehr gerechtfertigt, die entstehenden Rauheitsbeträge im Zusammenhang mit elementaren kinematischen Maschinenparametern zu sehen. Als Bestätigung ist die Erscheinung zu werten, daß bei gleicher Werkstückumfangsgeschwindigkeit die gegenüber Bild 45 erheblich kleineren Zustellungen nur geringe Verbesserungen des Mittenrauhwertes bringen.

Auffallend ist der überproportional günstige Verlauf für den Neigungswinkel $\alpha = 3^{\circ}$. Angesichts des extrem geringen Zustellbetrages von 0,14 μm/U muß in Erwägung gezogen werden, ob hier die sog. Schnitteinsatztiefe, von der ab ein eingreifendes Korn von plastischer Deformation des Werkstoffs zur Spanabnahme übergeht [15] von einer größeren Anzahl der Schneiden nicht erreicht wurde.

Insgesamt scheint es insbesondere im Bereich kleiner Zustellungen problematisch, eine definierte Abhängigkeit der entstehenden Rauheit aus elementaren kinematischen Beziehungen zwischen Schleifscheibe und Werkstück herzuleiten. Offensichtlich liegt größere Bedeutung bei momentanen Schnittiefenveränderungen während des Rundungsprozesses.

Dies steht in Übereinstimmung mit Aussagen aus der Praxis, daß die Rundheit des Werkstückes gegenüber der Rauheit das stärker einschränkende Kriterium darstellt.

Im Gegensatz zu anderen Schleifverfahren besteht beim spitzenlosen Schleifen nicht ausreichend Gelegenheit, während ohnehin erforderlicher Nebenzeiten, wie z. B. Werkstückwechsel, die Schleifscheibe abzurichten. Wird ein Abrichtvorgang notwendig, so muß meist die Bearbeitung eigens unterbrochen werden. Es ist daher einerseits erwünscht, daß die Schleifscheibe selbstschärfend arbeitet. Andererseits muß jedoch sichergestellt sein, daß der Regenerationsprozeß abgestumpfter Schneidkanten sich nicht schädigend auf das Arbeitsergebnis auswirkt.

Zur Betrachtung dieses Problemkreises wurde stichpunktartig mit den in Bild 47 angegebenen Bedingungen ein größeres Werkstoffvolumen ohne zwischenzeitliches Abrichten geschliffen. Es ergab sich dabei der dargestellte wellenförmige Verlauf. Es ist bemerkenswert, daß die Unterschiede im Mittenrauhwert in gleicher

Größenordnung liegen wie die durch unterschiedliche Einstellbedingungen hervorgerufenen. Es muß für möglich gehalten werden, daß der Verlauf von R_a durch einen periodischen Prozeß bestimmt ist: Mit zunehmendem Kornverschleiß ergeben sich eine bessere Oberflächengüte und gleichzeitig höhere Schnittkräfte, die in weitergehenden, speziellen Untersuchungen noch nachzuweisen wären. Zu stark abgestumpfte Körner werden bei weiterem Schnittkraftanstieg ausbrechen, wobei die so entstandenen scharfen Schneiden einen Anstieg der Rauheit erklären.

4.3.3 Schleifscheibenverschleiß

Die Wirtschaftlichkeit des spitzenlosen Durchlaufschleifens wird in hohem Maße vom Verschleißverhalten der Schleifscheibe bestimmt. Neben dem insgesamt auftretenden Verschleißbetrag ist im Gegensatz zu den meisten anderen Schleifverfahren die Verteilung des Verschleißvolumens über der Schleifbreite von Bedeutung.

Da die Höhe der spezifischen Zerspanleistung durch die Form bzw. durch die Lage der Schleifscheibe relativ zur Regelscheibe gesteuert wird, bildet sich bei ungleichförmiger Zerspanleistung über der Schleifbreite ein entsprechend unterschiedlicher Verschleiß aus. Im allgemeinen ist dabei die Zone der höchsten Zerspanleistung identisch mit der Zone des größten Verschleißes. Dies bedeutet gleichzeitig, daß sich die Kontur der Schleifscheibe während der gesamten Schleifzeit ändert, d.h. die Zone des höchsten Verschleißes wird innerhalb des Schleifspaltes wandern. Aufgrund der bereits beschriebenen Schleifspaltgeometrie folgt, daß diese Verlagerung in Richtung der Werkstückbewegung auftreten muß, was sich nicht unerheblich auf das Arbeitsergebnis auswirkt.

Mit zunehmender Schleifzeit wird die für den Werkstoffabtrag maßgebende Zone der Schleifscheibe durch gleichmäßigen Verschleiß nahezu parallel zurückversetzt. Dies hat eine gleichzeitige Verkürzung der Ausfunkzone zur Folge, was sich unmittelbar auf den Endzustand von Werkstückrundheit und -rauheit auswirkt. Insbesondere die Verkürzung der Ausfunkzone stellt daher ein wichtiges Abrichtkriterium für die Schleifscheibe dar.
Bei nicht zu hohen Anforderungen an die Werkstückqualität kann vielfach auf einen Ausfunkvorgang verzichtet werden. In diesem Falle wird die gesamte Schleifscheibenbreite gleichmäßig für den Werkstoffabtrag herangezogen. Gelingt es hierbei, über geeignete Einstellbedingungen einen stationären Zustand der Schleifscheibenoberfläche zu erzielen, kann die Schleifscheibe ohne weiteren Abrichtprozeß bis zum Erreichen des Minimaldurchmessers im Einsatz bleiben. Dieser schon erwähnte Selbstschärfeffekt wird heute vorzugsweise beim spitzenlosen Schleifen von Stangenmaterial ausgenutzt.

Die beim Präzisionsschleifen auftretende verschleißbedingte Veränderung der Scheibenkontur setzt sich aus unterschiedlichen Verschleißformen der Schleifscheibe zusammen, die auch von anderen Schleifverfahren her bekannt sind und sich wie folgt umreißen lassen:

1. Langsamer Verschleiß einzelner Schleifkörner
2. Ausbruch ganzer Schleifkörner oder Korngruppen
3. Bildung eines Wellenprofils auf dem Schleifscheibenumfang.

Während Kornverschleiß und Kornausbruch auf komplexen mechanischen, thermischen oder chemischen Vorgängen im Korn- und Bindungsbereich beruhen, ist die Entstehung eines Wellenprofils überwiegend auf eine dynamische Belastung des Bindungsverbandes zurückzuführen, deren Ursache letztlich im dynamischen Verhaltendes Prozesses liegt. Wie im folgenden näher erläutert wird, hängt somit der Schleifscheibenverschleiß nicht nur von den Einstellbedingungen sondern auch von der Maschinen- und Werkstücksteifigkeit ab.

4.3.3.1 Einfluß der spez. Zerspanleistung

Wie bei anderen Schleifverfahren übt auch beim spitzenlosen Schleifen die spezifische Zerspanleistung einen dominierenden Einfluß auf das Verschleißverhalten aus. Es wurde bereits erläutert, daß die Zerspanleistung beim Durchlaufschleifen von der Kontur der Schleifscheibe und der axialen Werkstückgeschwindigkeit abhängt, die wiederum über die Regelscheibendrehzahl n_R und den Neigungswinkel α zu variieren ist. Ohne zwischen diesen zuletzt genannten Parametern zu differenzieren, zeigt sich allgemein, daß der Radiusverschleiß der Schleifscheibe mit zunehmender Zerspanleistung progressiv ansteigt. Wie in Bild 48 dargestellt ist, nimmt das Abtragsverhältnis über der Zerspanleistung entsprechend ab. In der Praxis wird meist ein kostenoptimales Abtragsverhältnis angestrebt, was keineswegs identisch mit dem maximalen Wert für G sein muß. Bei Berücksichtigung der jeweiligen Hauptzeiten, Nebenzeiten und Werkzeugkosten kann sich eine kostenoptimale Zerspanleistung durchaus in der Nähe der maximalen Belastung der Schleifscheibe ergeben, auch wenn dort der Schleifscheibenverschleiß schon vergleichsweise hoch ist.

Eine Steigerung der optimalen Zerspanleistung durch Erhöhung der Schleifscheibenumfangsgeschwindigkeit hat sich auch beim spitzenlosen Durchlaufschleifen als möglich erwiesen und wird in der Praxis bereits häufig realisiert.

4.3.3.2 Abhängigkeit des Abtragsverhältnisses von der Steifigkeit des Werkstückes und der Maschine

Da das Werkstück beim spitzenlosen Schleifen gleichzeitig auf seinem Umfang gelagert ist und bearbeitet wird, wirkt sich seine Steifigkeit in vollem Maße auf das Arbeitsergebnis aus. Unter der Ziffer 3.1 wurde bereits dargestellt, daß bei der Wahl der Höhenlage die Steifigkeit des Werkstückes zu berücksichtigen ist, wenn ein stabiler Schleifprozeß gewährleistet werden soll.

Ein instabiler Schleifprozeß tritt vorzugsweise bei hoher Nachgiebigkeit des Werkstückes auf. Die hiermit verbundenen hochfrequenten Schnittkraftschwankungen bewirken neben einer verminderten Werkstückqualität auch ein Ansteigen des Schleifscheibenverschleißes. Daher ergibt sich der in Bild 49 dargestellte Zusammenhang zwischen dem Abtragsverhältnis G und der Steifigkeit des Werkstückes c_W. Der erhöhte Schleifscheibenverschleiß bei kleiner Werkstücksteifigkeit dürfte in erster Linie auf eine mechanische Überlastung des Scheibengefüges im Bereich der Kontaktzone mit dem in Schwingung befindlichen Werkstück zurückzuführen sein. In analoger Weise kann eine derartige Abnutzung der Schleifscheibe auch bei ungenügender Steifigkeit der im Kraftfluß liegenden Maschinenteile auftreten.

Bei der Bearbeitung sehr steifer Werkstücke stellt daher die Nachgiebigkeit der Maschine ein entscheidendes Kriterium für das Auftreten von Ratterschwingungen, d. h. einer dynamischen Instabilität des Prozesses dar.

5. MÖGLICHKEITEN DER LEISTUNGSSTEIGERUNG

Aus der theoretischen und praktischen Untersuchung des spitzenlosen Durchlaufschleifens läßt sich eine Vielzahl von Möglichkeiten ableiten, die zur Leistungssteigerung genutzt werden können. Als wirtschaftlich bedeutendes Ziel ist vor allem größere Sicherheit bei der Wahl und der Realisierung optimaler Arbeitsbedingungen anzustreben. Es sind damit Zeitvorteile bei bestehenden Schleifoperationen, aber auch ein breiterer Anwendungsbereich des Verfahrens in Richtung kleinerer Losgrößen zu erwarten.

5.1 Gezielte Wahl der geometrischen und kinematischen Prozessvariablen

Der Wahl kostenoptimaler Bearbeitungsbedingungen liegt auch beim spitzenlosen Durchlaufschleifen der in Bild 50 schematisch dargestellte Zusammenhang von Werkzeug- und Abrichtkosten, Rüstkosten und Hauptzeitkosten zugrunde. Unter Berücksichtigung dieser aus der betrieblichen Kalkulation bekannten Randbedingungen kann die zu einem Minimum der Gesamtkosten gehörige Zerspanleistung ermittelt werden. In der industriellen Praxis ist es jedoch nur in einer Minderzahl von Bearbeitungsfällen möglich, das absolute Kostenoptimum einzuhalten, weil aus technologischen Gründen entweder bei dieser Zerspanleistung die geforderte Werkstückqualität nicht sichergestellt werden kann oder mehr als ein Durchgang erforderlich ist. Dies ist der Fall z. B. bei starker Durchmesserschwankung der vorbearbeiteten Teile, die infolge kurzfristigen Aufbiegens der Maschine ggf. die Einhaltung der Fertigteil-Durchmessertoleranz erschwert. Vielfach kann auch die erforderliche Überschliffzahl selbst bei kleinen Neigungswinkeln nicht realisiert werden.

Wie aus der schematischen Darstellung in Bild 50 ersichtlich ist, sind deutliche Kostenvorteile auch trotz eines Rückgangs der Zerspanleistung zu erzielen, wenn dadurch ein zusätzlicher Durchgang vermieden werden kann.

Erfahrungsgemäß begrenzen jedoch im allgemeinen die Qualitätsansprüche an das Arbeitsergebnis die anwendbare Zerspanleistung bereits unterhalb der wirtschaftlich optimalen. Es sollen deshalb im folgenden als Konsequenz aus den bisherigen Untersuchungen die Möglichkeiten zur Steigerung der Zerspanleistung mit den wichtigsten technologischen Grenzbedingungen allgemein zusammengefaßt und auf die Stellgrößen an der Schleifmaschine zurückgeführt werden.

Eine Steigerung des zerspanten Werkstoffvolumens pro Zeit ist prinzipiell zunächst über eine Erhöhung der spezifischen Zerspanleistung Z' möglich. Aus der Darstellung in Bild 51 wird jedoch auch deutlich, daß die durch die Zerspanleistung Z gekennzeichnete Produktivität des Prozesses linear zurückgeht, je geringer der zu schleifende Anteil l_{Weff} an der gesamten Werkstücklänge l_W ist. Eine Grenze in Form einer Ebene Z = const. ist durch die Schnittkräfte dann gegeben, wenn sie die statische oder dynamische Steifigkeit der Maschine überlasten. Wird bereits vorher die Ebene maximaler spezifischer Zerspanleistung Z' = const. erreicht, so ermöglicht die Maschine mit der größeren Schleifscheibenbreite $B_{Seff\ 1}$ die bessere Mengenleistung.

Die Grenzbedingung Z'_{max} ist in Bild 52 weiter aufgeschlüsselt. So kann die spez. Zerspanleistung nicht weiter erhöht werden, wenn der Bindungsverband der Schleifscheibe den auftretenden spezifischen

Schnittkräften nicht mehr standhält und der Ausbruch ganzer Korngruppen einen sprunghaften Verschleißzuwachs bewirkt. Eine in der schematischen Darstellung parallel gelegene Ebene bezeichnet zusätzlich das Auftreten unzulässiger Verformungen oder thermischer Schädigungen am Werkstück. In besonderen Fällen, wie z.B. beim Schleifen dünnwandiger Rohre, kann diese Grenze durchaus auch unterhalb der spezifischen Grenzzerspanleistung der Schleifscheibe liegen.

Unter Zugrundelegung eines bestimmten spezifischen zu zerspanenden Volumens V' gehen die Regelscheibengeschwindigkeit V_R und der Neigungswinkel α als Faktoren in die spez. Zerspanleistung Z' ein. Beide Parameter sind ihrerseits wiederum durch α_{max} und v_{Rmax} begrenzt. Die Restriktion für den Neigungswinkel ist erforderlich, um die nach Ziffer 4.3.1.1 für den Rundungsprozeß minimal erforderliche Überschliffzahl zu gewährleisten.

Die Überschliffzahl ist auf die in Bild 53 dargestellte Weise vom Werkstückdurchmesser D_W, dem Neigungswinkel α und darüber hinaus gleichsinnig von der effektiven Schleifscheibenbreite B_{Seff} abhängig.

Während hier die Grenze maximalen Neigungswinkels bei kleineren Werkstückdurchmessern in Richtung größerer spez. Zerspanleistung verschoben werden kann, ist die entgegengesetzte Tendenz aus Bild 54 abzuleiten: Die durch die maximale Werkstückdrehzahl gegebene Grenze der Regelscheibengeschwindigkeit wird bei kleineren Durchmessern bereits früher erreicht.

Diese qualitativ zusammengestellten Abhängigkeiten machen deutlich, auf welchen Wegen die wichtigsten Maschinenstellgrößen im Sinne eines Gewinns an Zerspanleistung bis hin zu den Verfahrensgrenzen variiert werden können.

5.2 Symmetrische Regelscheibenform

Die eingangs bereits theoretisch abgeleitete symmetrische Regelscheibenform wurde neben den vorliegenden Untersuchungen auch praktisch geprüft. Sie verspricht einen nicht unwesentlichen Beitrag zur Leistungssteigerung des spitzenlosen Durchlaufschleifens.
Ein wichtiges Merkmal ist der schon dargestellte flache Durchmesserverlauf, der verschiedene technologische Vorteile besitzt:

So sind z.B. beim Schleifen von Lagernadeln im Interesse günstiger Werkstückdrehzahlen bei hoher Durchlaufgeschwindigkeit große Neigungswinkel erwünscht. Dabei führt jedoch der zunehmend steigende Regelscheibendurchmesser an der Auslaufseite zur Möglichkeit der Kollision mit der Auflageschiene. Hier ist mit dem neuartigen Verfahren ein Platzgewinn verbunden, so daß entweder der Neigungswinkel vergrößert oder auch eine stärkere Auflageschiene eingesetzt werden kann.

Die Übereinstimmung der korrigierten symmetrischen Regelscheibenkontur mit der theoretisch zum geradlinigen Werkstücktransport erforderlichen ist wesentlich besser als bei der konventionellen unsymmetrischen Form. Damit sind insbesondere bei extremen Neigungswinkeln und Höhenlagen Vorteile hinsichtlich der Formgenauigkeit der Werkstücke zu erwarten.

Die Art des Abrichtverfahrens und die damit verbundene Genauigkeit der Regelscheibenkontur erlauben es darüber hinaus, breitere Regelscheiben einzusetzen, die sowohl im Hinblick auf die Qualität des Werkstückes als auch in bezug auf die Wirtschaftlichkeit des Verfahrens deutliche Vorteile bieten. Bei konventionellen Schleifscheibenbreiten bietet sich die Möglichkeit, beidseitig überstehende Regelscheiben einzusetzen und auf die Weise eine genauere Führung der Werkstücke am Ein- und Auslauf zu erreichen. Bei neu zu entwickelnden Maschinen kann eine größere Schleifscheibenbreite vorgesehen werden, die eine Steigerung des Werkstoffabtrags pro Durchgang aufgrund einer höheren Überschliffzahl ermöglicht. Die Steigerung der Überschliffzahl könnte bei gleicher oder geringerer Zerspanleistung zur Verbesserung der Werkstückrundheit oder -rauheit genutzt werden.

Ferner ist zu beachten, daß die an den Verlauf des Regelscheibendurchmessers gebundene Axialgeschwindigkeit speziell in dem für das Arbeitsergebnis wichtigen Ausfunkbereich gleichförmiger bleibt, so daß eine deutliche Stabilisierung der Werkstückbewegung gegeben ist.

Eine über der Länge des Schleifspaltes steigende Axialgeschwindigkeit ist besonders bei Werkstücken unerwünscht, die vor der Umfangsbearbeitung bereits an den Planflächen geschliffen werden, wie es z.B. bei Wälzlager-Außenringen der Fall ist. Hier soll sich zur Vermeidung von Planlaufabweichungen ein zusammenhängender Strang von Werkstücken mit möglichst fester gegenseitiger Anlage bilden.

Der Geschwindigkeitsverlauf der konventionellen Regelscheibenform begünstigt jedoch ein Auseinanderlaufen der Ringe in der in Bild 55 mit I bezeichneten Weise. Mit der symmetrischen Form (II) kann diese Erscheinung weitgehend unterdrückt werden.

In Bild 56 ist ein Nomogramm zur Bestimmung der Umrüstzeit einer Regelscheibe bei Vergrößerung des Neigungswinkels bzw. der Höhenlage angegeben. Es ist dabei bereits vorausgesetzt, daß unter Vermeidung von Leerhüben nur die skizzierte Längsschnittfläche abgerichtet wird. Für den als Beispiel eingetragenen Fall ergibt sich eine Reduzierung der Abrichtzeit von 23 min auf lediglich 5 min. Ein Abrichtvorgang zur Änderung der Höhenlage ist bei der symmetrischen Form, wie bereits erläutert wurde, generell nicht erforderlich.

Die Umrüstzeit zur Einstellung des neu eingeführten Winkels δ' in der Horizontalebene hebt sich mit dem Fortfall der Diamanthöhe h_1 auf, sobald maschinenseitig die entsprechenden Voraussetzungen geschaffen sind.

Insgesamt kann somit dem hier entwickelten Verfahren der symmetrischen Regelscheibe eine Reihe von bemerkenswerten Vorteilen zugeschrieben werden.

5.3 Automatisierung des Rüstvorgangs

Weitgehende Rationalisierungseffekte sind beim spitzenlosen Durchlaufschleifschleifen auch zu erwarten, wenn es gelingt, neben der systematischen Auswahl günstiger Einstellbedingungen auch deren Realisierung an der Maschine zu automatisieren.

Insbesondere gestattet die eingangs entwickelte rechnerische Formulierung der Regelscheibengeometrie die Herstellung der exakten Kontur für jeden Bearbeitungsfall mit Hilfe eines bahngesteuerten Abrichtwerkzeuges. Dabei ist es ohne weiteres möglich, den Abrichtschlitten an einer beliebigen, von der Konstruktion der Maschine her günstigen Stelle am Umfang der Regelscheibe anzubringen. Die bisher sowohl beim Einstechschleifen als auch beim Durchlaufschleifen erforderlichen Abrichtschablonen werden bei dieser Methode ebenso überflüssig wie die Korrektureinrichtung, die zur Einstellung von Höhe und Neigung des Abrichtwerkzeuges dient.

Damit ist eine Vereinfachung der mechanischen Konstruktion gegeben, die neben einem Gewinn an Steifigkeit des Regelscheibensupports vor allem auch Kostenvorteile verspricht.

Der hierfür erforderliche Kleinrechner kann darüber hinaus eine Vielzahl weiterer Aufgaben übernehmen, wie sie in Bild 57 angedeutet sind:

Da auch die Schleifscheibe mehrere Zonen mit unterschiedlichem Durchmesser hat, kann hier ebenfalls ein bahngesteuertes Abrichtwerkzeug in Betracht gezogen werden. Damit werden auch die an der Schleifscheibenseite bisher noch erforderlichen Schablonen ersetzt.

Darüber hinaus haben moderne spitzenlose Schleifmaschinen eine Abrichtautomatik, deren Funktion ohne weiteres von einem Rechner gesteuert werden kann.

Eine Korrektur des Zustellbetrages in Verbindung mit einer Meßsteuerung kann ebenfalls ohne Schwierigkeit über den Rechner erfolgen, wobei nach einer entsprechenden Strategie einerseits einfache Zustellbefehle, andererseits aber auch Formänderungen an Schleif- und Regelscheibe selbsttätig vorgenommen werden können.

Einzelne dieser Funktionen können bereits durch sogenannte Mikroprozessoren übernommen werden. Diese bilden zur Zeit eine konkurrenzfähige Alternative zu konventionellen Steuerungselementen.

Die Amortisierung einer größer dimensionierten Rechnerausstattung könnte insbesondere bei Universalmaschinen, die gleichermaßen für das Einstechschleifen und das Durchlaufschleifen verwendet werden, dadurch gesichert werden, daß zusätzlich der gesamte Schleifzyklus beim Einstechverfahren mit Hilfe des Rechners gesteuert wird.

Verglichen mit dem hierfür erforderlichen konventionellen Aggregaten dürfte eine rechnergeführte Einheit hier erheblich preisgünstiger sein, ihre höhere Flexibilität steht ohnehin außer Frage.

6. ZUSAMMENFASSUNG

Aufbauend auf einer theoretischen Analyse des Verfahrens wurden Möglichkeiten zur Leistungssteigerung beim spitzenlosen Durchlaufschleifen untersucht.

In Fortführung früherer Untersuchungen des Einstechschleifens wurden zunächst Rechnerprogramme entwickelt, die eine genaue Beschreibung der Schleifspaltgeometrie für das Durchlaufverfahren ermöglichen. Die systematische Erarbeitung der verfahrensspezifischen Geometrie und Kinematik führte auf ein neuartiges Einstell- und Abrichtverfahren für die Regelscheibe, welches die schnellere Realisierung der für einen genaueren Werkstücktransport erforderlichen Regelscheibenkontur gewährleistet und zu einer unmittelbaren Wirtschaftlichkeitssteigerung in der Praxis führen kann.
Mit Hilfe weiterer Programme konnte darüber hinaus die geometrische Stabilität für das Durchlaufverfahren in Abhängigkeit von den Einstellgrößen berechnet und dargestellt werden. Dem Maschineneinrichter können hiermit aussagefähige Richtlinien für die Maschineneinstellung zur Verfügung gestellt werden.

In umfangreichen praktischen Versuchsreihen wurden die Auswirkungen verschiedener Maschineneinstellparameter auf das Arbeitsergebnis untersucht, wobei die Rundheit geschliffener Werkstücke als wichtigster Bereich der Formgenauigkeit im Vordergrund stand. Es konnten verfahrensspezifische Abhängigkeiten aufgedeckt und unter Einbeziehung der Werkstückabmessungen auf geometrische und kinematische Prozeßvariable zurückgeführt werden. Hieraus ergaben sich Richtlinien für eine gezielte, optimale Maschineneinstellung im Hinblick auf ein bestimmtes Arbeitsergebnis. Gleichzeitig wurden Grenzen des Verfahrens in

Abhängigkeit wichtiger Randbedingungen deutlich. Als Konsequenz wurden Wege zur weitestgehenden Ausschöpfung vorhandener Leistungsreserven im Sinne hohen zeitlichen Werkstoffabtrags aufgezeigt.

Untersuchungen zu Erscheinungen des Schleifscheibenverschleißes führten einerseits auf Einflußgrößen für seine Entstehung und andererseits auf die Auswirkungen hinsichtlich des Arbeitsergebnisses, die wesentlich durch die sich ändernde Verteilung von Schleif- und Ausfunkzone an der Schleifscheibe bestimmt werden.

Angesichts der Vielzahl und Komplexität der Einstell- und Steueraufgaben an einer spitzenlosen Schleifmaschine wurde der Einsatz eines Prozeßrechners als vielversprechende maschinenseitige Weiterentwicklung vorgeschlagen, für die mit der systematischen und EDV-gerechten Formulierung wichtiger Problemkreise die Voraussetzung geschaffen werden konnte.

Um bei den Forschungsarbeiten den Erfordernissen der industriellen Praxis Rechnung zu tragen, wurde das Vorhaben in Zusammenarbeit mit einem Hersteller spitzenloser Schleifmaschinen, der Firma Herminghausen-Werke, Mühlheim/Main, und einem Anwender im Bereich der Wälzlagerfertigung, der Firma Industriewerk Schaeffler, Herzogenaurach, durchgeführt. Beiden Firmen gilt besonderer Dank für ihre Mitarbeit und ihre großzügige Unterstützung.

LITERATURVERZEICHNIS

1. HOFMANN, W.
Spitzenloses Schleifen
Werkstattbücher Heft 97
Springer-Verlag, Berlin,
Göttingen, Heidelberg, 1950

2. HOFMANN, W.
Spitzenloses Schleifen, II. Teil
Werkstattbücher Heft 107
Springer-Verlag, Berlin,
Göttingen, Heidelberg, 1952

3. WENNERHOLM, S.
Spitzenloses Außenrundschleifen
Betriebsbücher, Heft 24
Carl Hauser Verlag, München, 1966

4. ROTZOLL, E.
Spitzenloses Rundschleifen
Verfahren, Maschine und Anwendung
Werkstatt und Betrieb 107 (1974) 9

5. BECKER, E.-A.
Kräfte und Kreisformfehler beim spitzenlosen
Einstechschleifen
Diss. TH Aachen, 1965

6. REEKA, D.
Über den Zusammenhang zwischen Schleifspaltgeometrie
und Rundheitsfehler beim spitzenlosen Schleifen
Diss. TH Aachen, 1967

7. SCHREITMÜLLER, H.
Kinematische Grundlagen für die praktische Anwendung des spitzenlosen Hochleistungsschleifens
Diss. TH Aachen, 1971

8. KÖNIG, W.
SCHREITMÜLLER, H.
HÖNSCHEID, W.
Untersuchung des spitzenlosen Schleifens
Forschungsberichte des Landes Nordrhein-Westfalen
Westdeutscher Verlag, Opladen 1972

9. ROMANOV, V.L.
Experimentelle Untersuchung der Formbildung beim spitzenlosen Schleifen
Issled. metallorez. Stankov
(1968), M. Masinostroenie , S. 63 - 87

10. ROWE, W.B.
Some Studies of the Centreless Grinding Process with particular Reference to the Roundness Accuracy
Diss. University of Manchester, 1964

11. MEIS, F.U.
Unveröffentlichte Untersuchung im Laboratorium für Werkzeugmaschinen und Betriebslehre, TH Aachen, 1974

12. HÖNSCHEID, W.
MEIS, F.U.
Neue Regelscheibenform beim spitzenlosen Durchgangsschleifen
Industrie-Anzeiger 97 (1975) 42, S. 828 - 831

13. SLONIMSKI, W. I.
Theorie und Praxis des spitzenlosen Schleifens
VEB Verlag Technik Berlin, 1956

14. REHOUSEK, J.
Probleme der Massenfertigung am Beispiel des spitzenlosen Schleifens und des Innenschleifens
Technische Mitteilungen 68 (1975) 718, S. 268 - 277

15. LORTZ, W.
Unveröffentlichte Untersuchung im Laboratorium für zeugmaschinen und Betriebslehre,
TH Aachen, 1975

16. REHOUSEK, J.
Unveröffentlichte Untersuchungen i. Fa.
Industriewerk Schaeffler, Herzogenaurach, 1974

ABBILDUNGEN

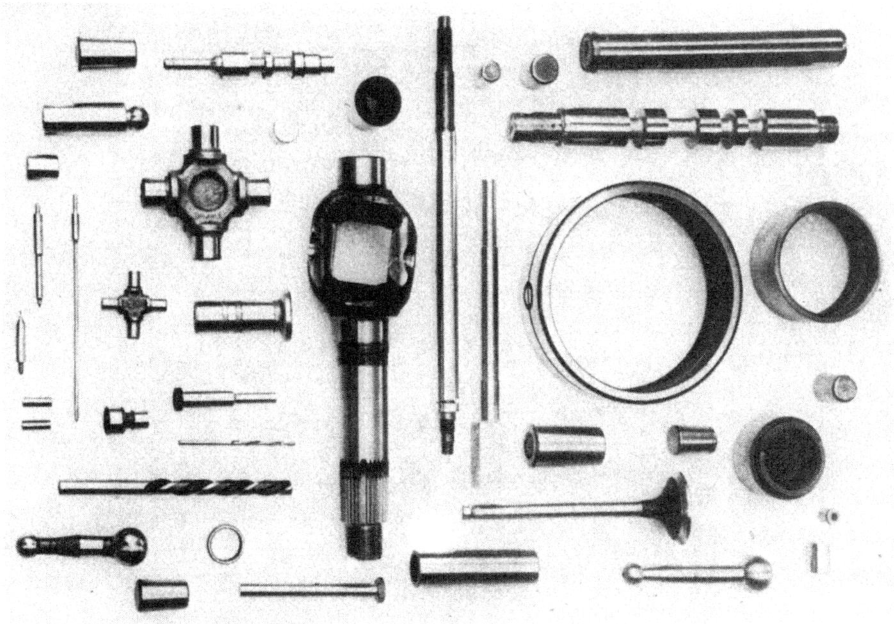

Bild 1: Arbeitsbeispiele für das spitzenlose Schleifen [4]

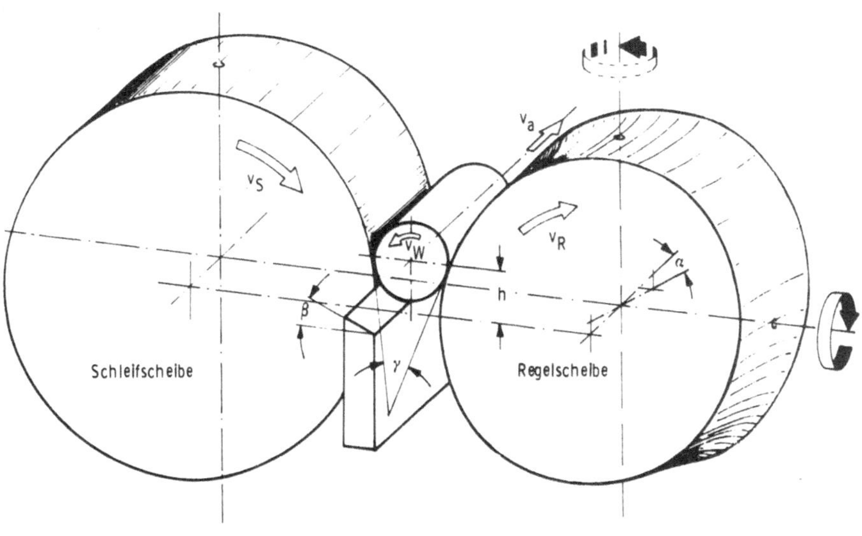

Bild 2: Schleifspaltgeometrie und Bewegungsverhältnisse beim spitzenlosen Durchlaufschleifen

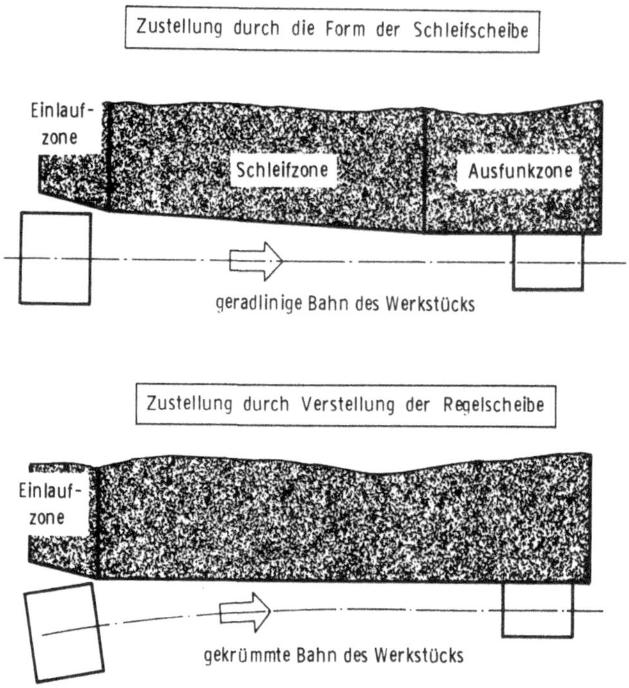

Bild 3: Verteilung des Werkstoffabtrags beim spitzenlosen Durchlaufschleifen

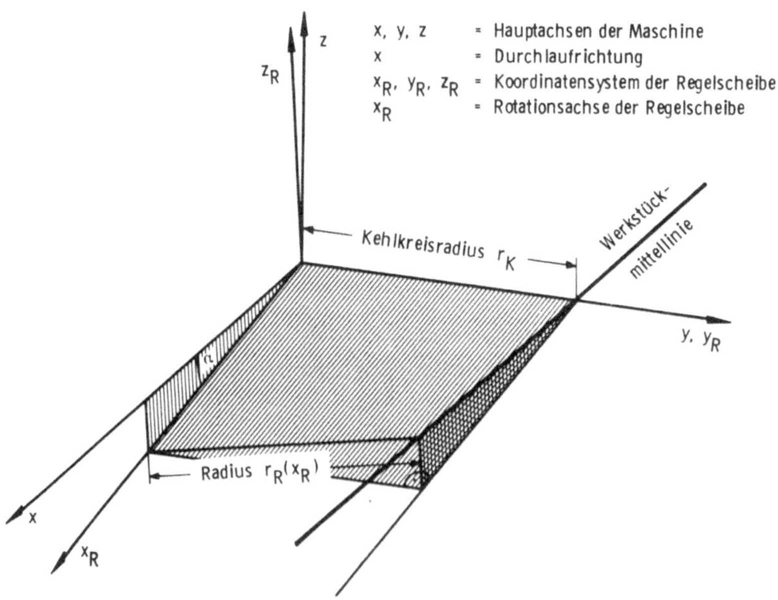

Bild 4: Zur Herleitung der Regelscheibenform für $D_W \approx 0$ und $h = 0$

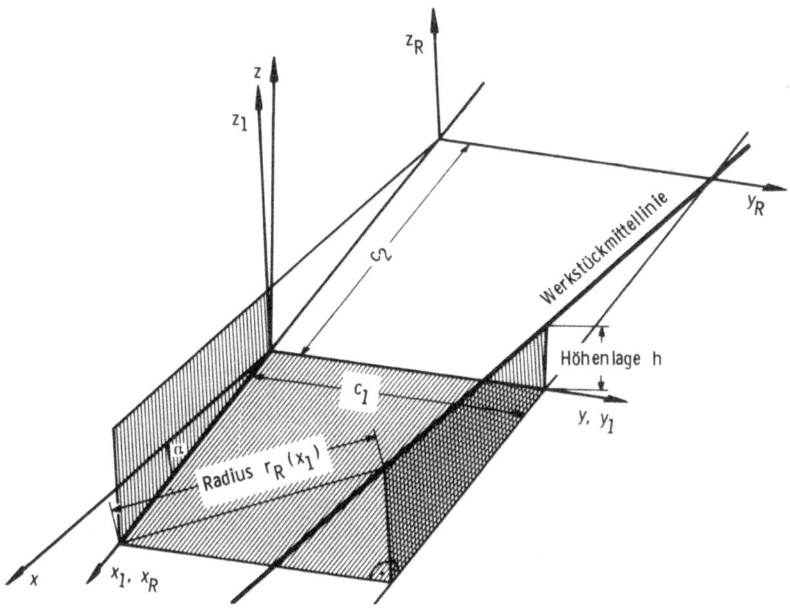

Bild 5: Zur Herleitung der Regelscheibenform für $D_W \approx 0$ und $h \neq 0$

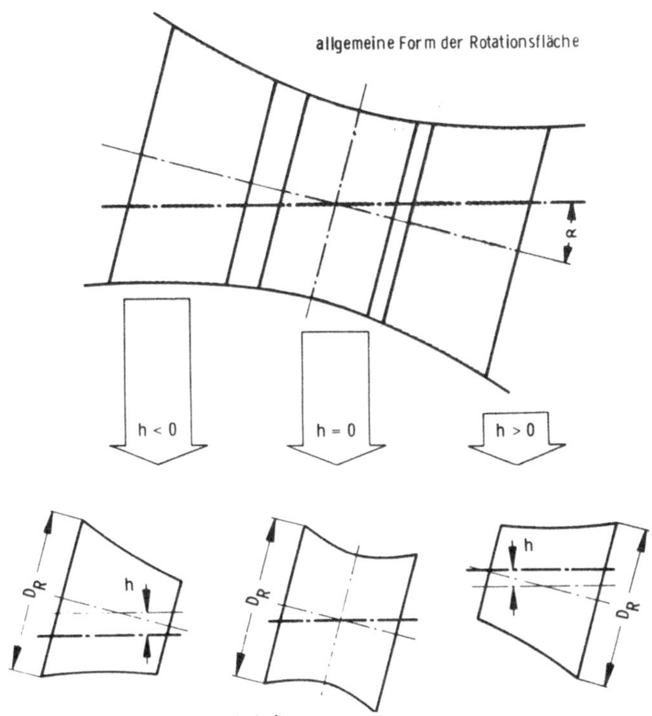

Bild 6: Entstehung der Regelscheibenform für verschiedene Höhenlagen

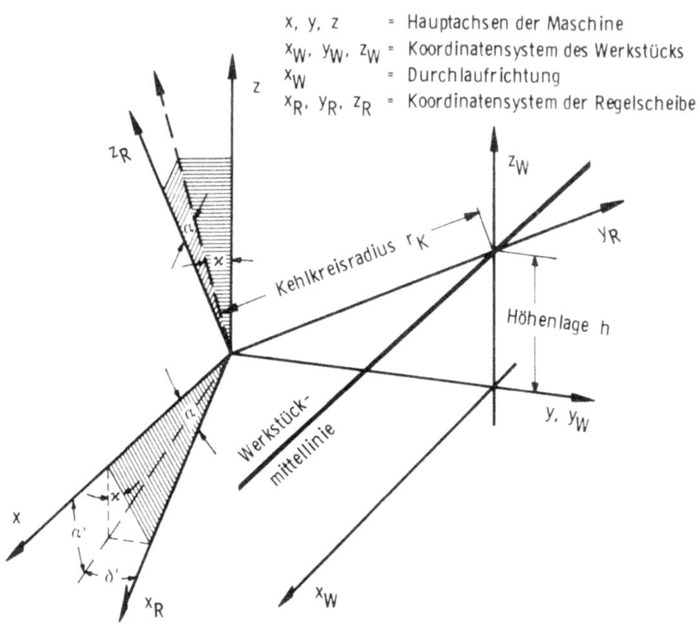

Bild 7: Zur Herleitung der Neigung in zwei Ebenen

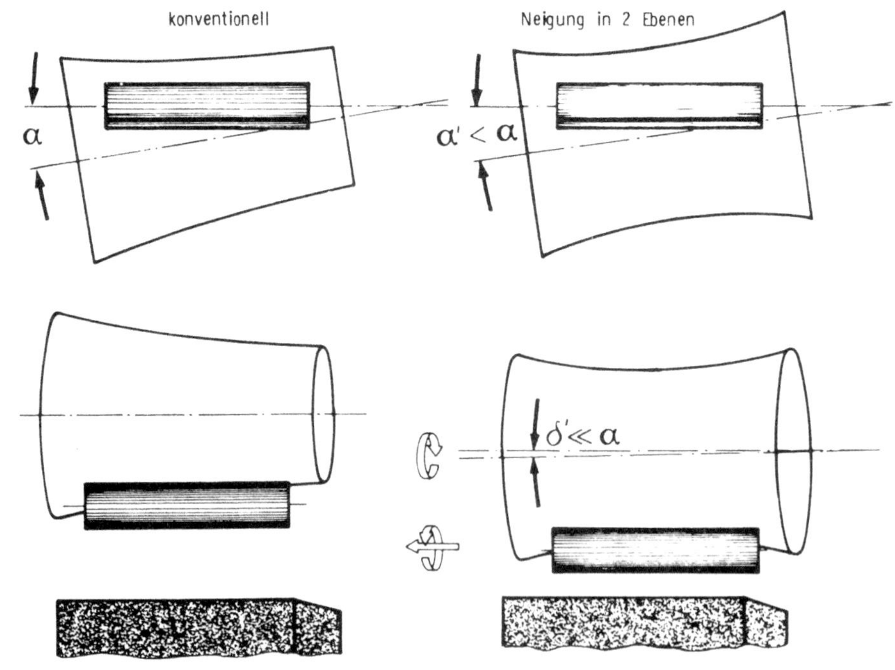

Bild 8: Konventionelle und neuartige Einstellung der Regelscheibe für das spitzenlose Durchlaufschleifen

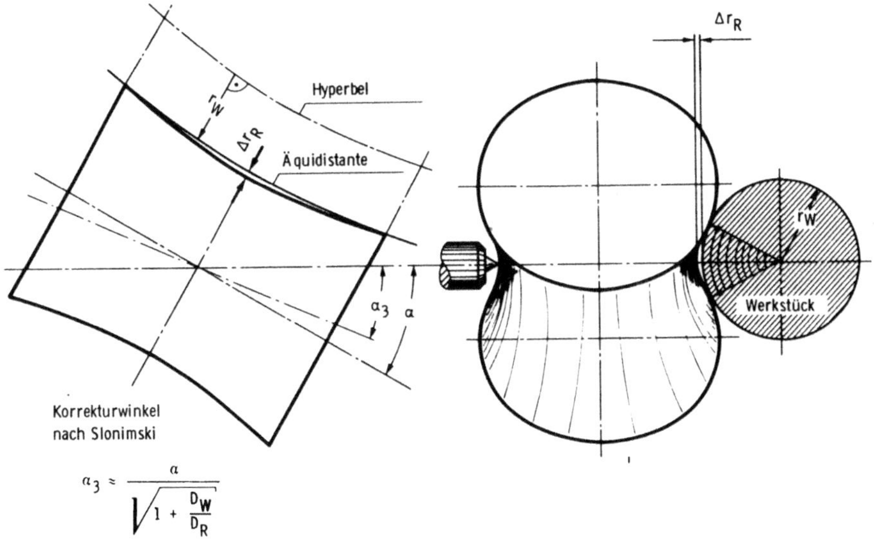

Bild 9: Einfluß des Werkstückdurchmessers auf die Form der Regelscheibe

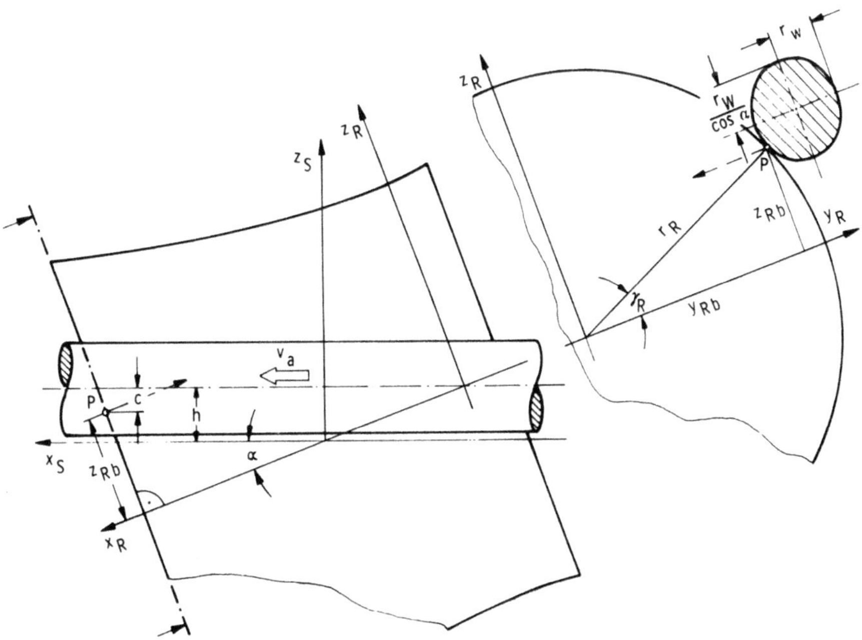

Bild 10: Beschreibung des Kontaktes zwischen Werkstück und Regelscheibe

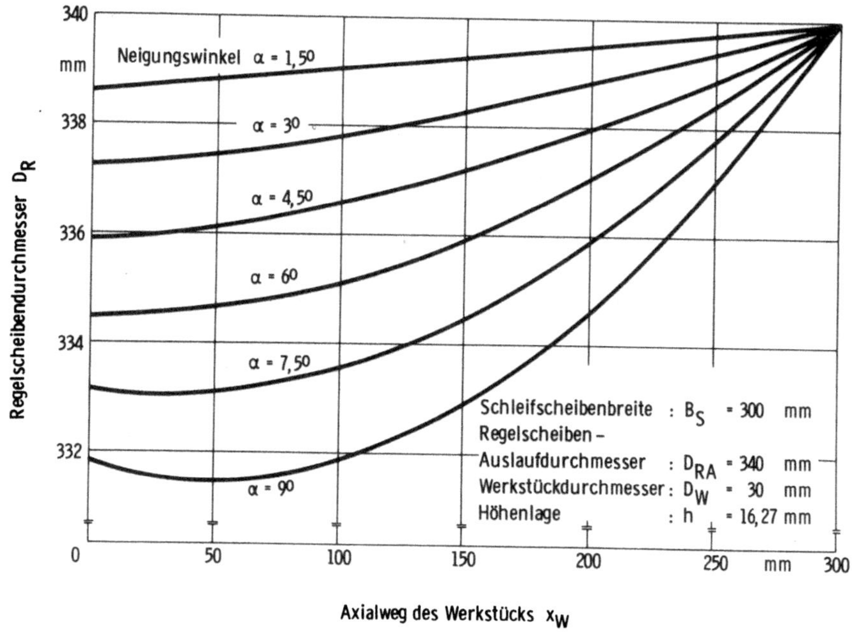

Bild 11: Verlauf der exakten Regelscheibenkontur für verschiedene Neigungswinkel

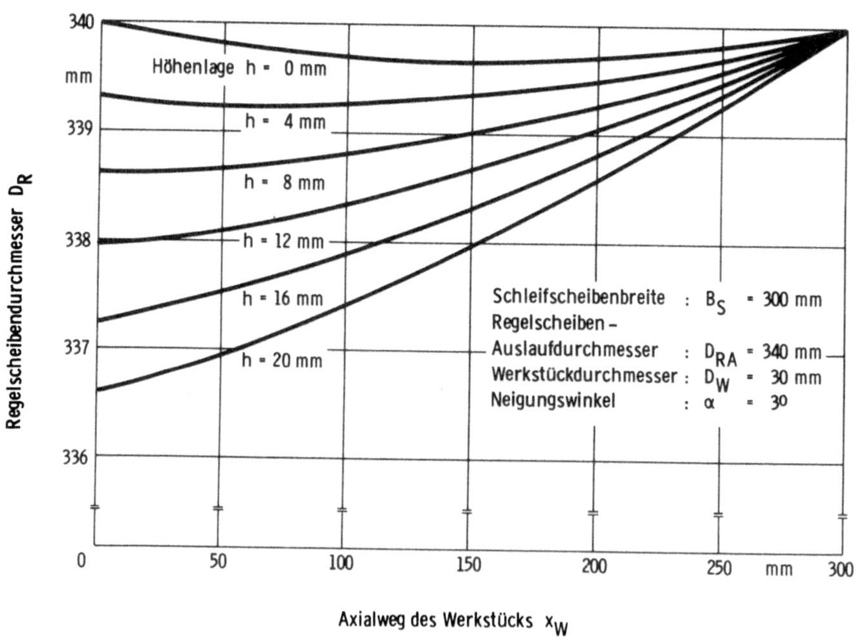

Bild 12: Verlauf der exakten Regelscheibenkontur für verschiedene Höhenlagen

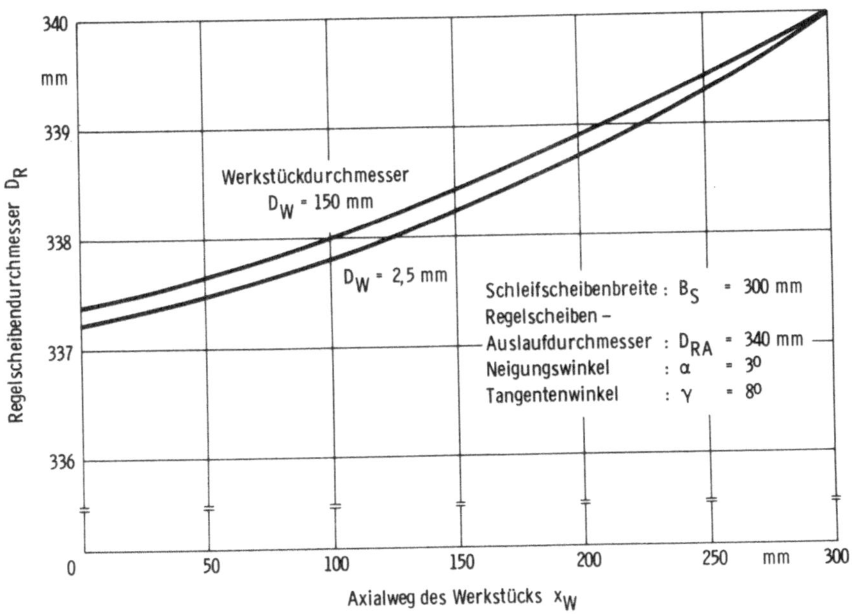

Bild 13: Verlauf der exakten Regelscheibenkontur für verschiedene Werkstückdurchmesser bei konstantem Tangentenwinkel

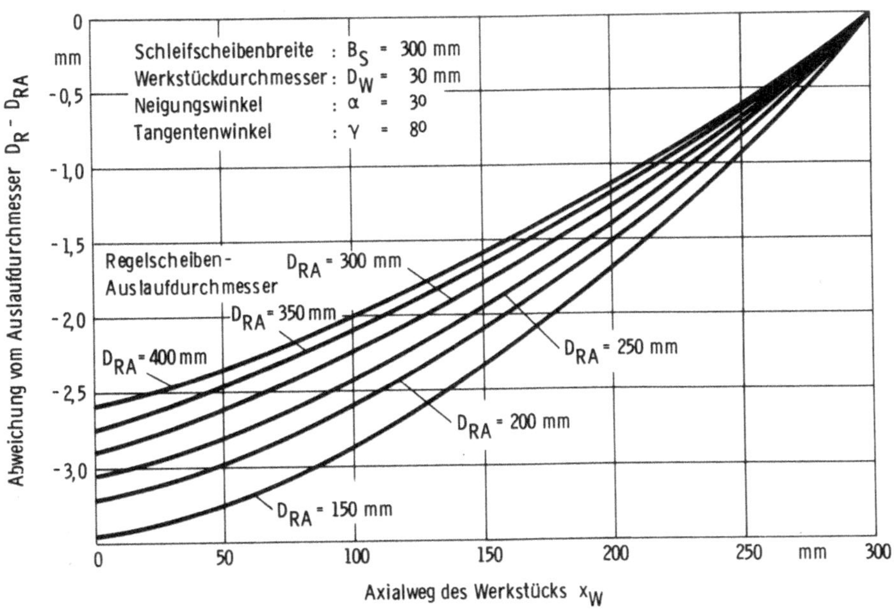

Bild 14: Abweichungen der exakten Regelscheibenkontur von verschiedenen Auslaufdurchmessern

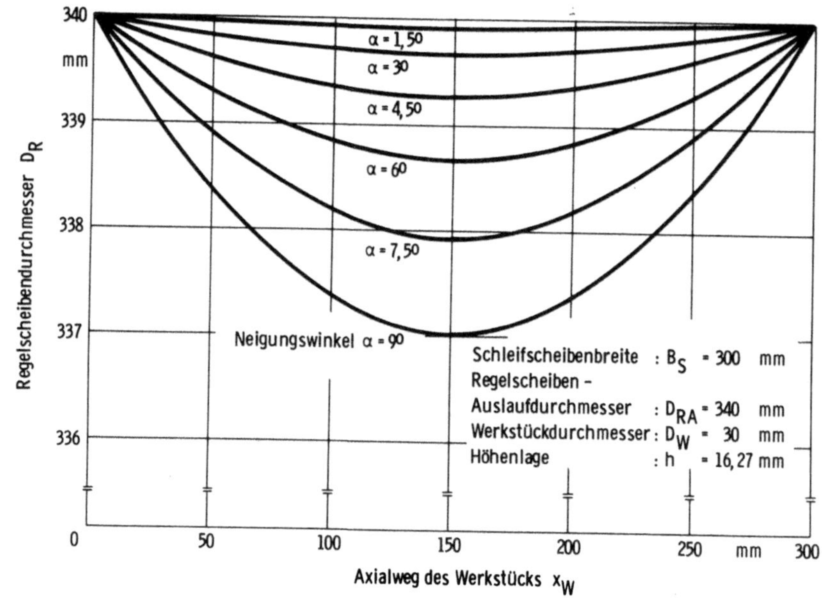

Bild 15: Verlauf der exakten symmetrischen Regelscheibenkontur für verschiedene Neigungswinkel

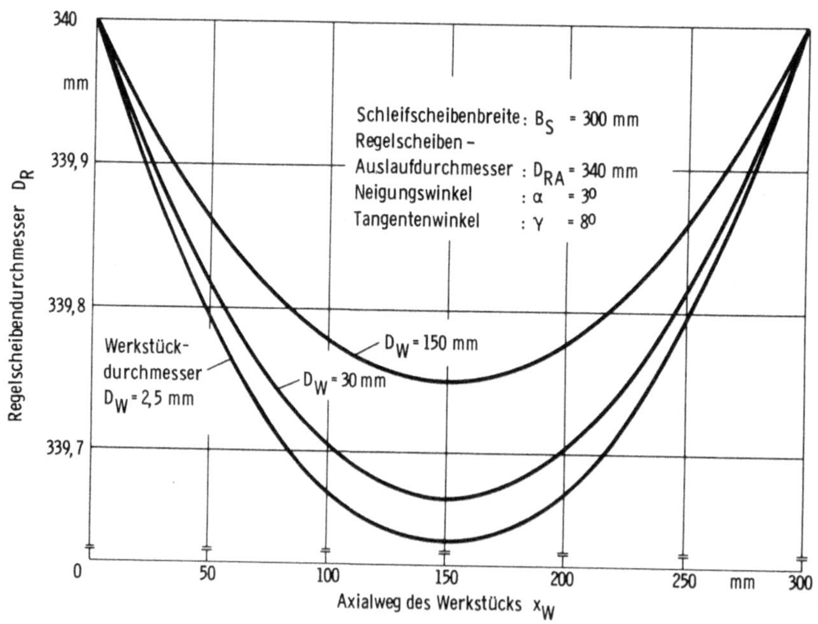

Bild 16: Verlauf der exakten symmetrischen Regelscheibenkontur für verschiedene Werkstückdurchmesser bei konstantem Tangentenwinkel

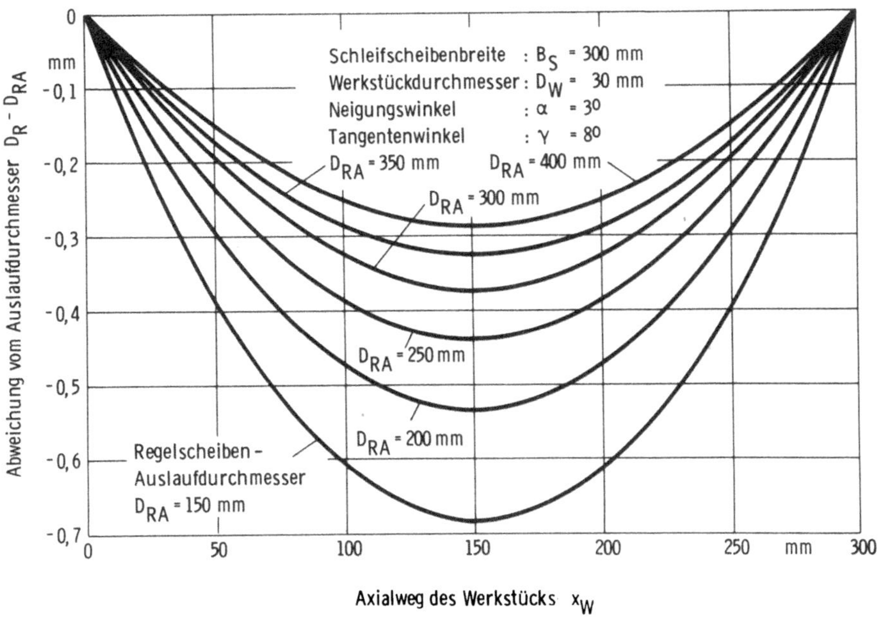

Bild 17: Abweichungen der exakten symmetrischen Regelscheiben-kontur von verschiedenen Auslaufdurchmessern

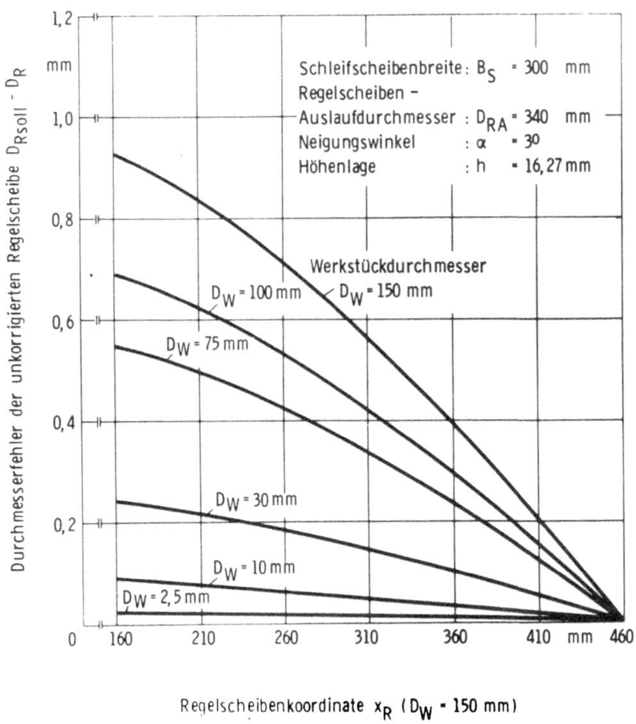

Bild 18: Verlauf des Durchmesserfehlers der unkorrigierten Regelscheibe für verschiedene Werkstückdurchmesser bei konstanter Höhenlage

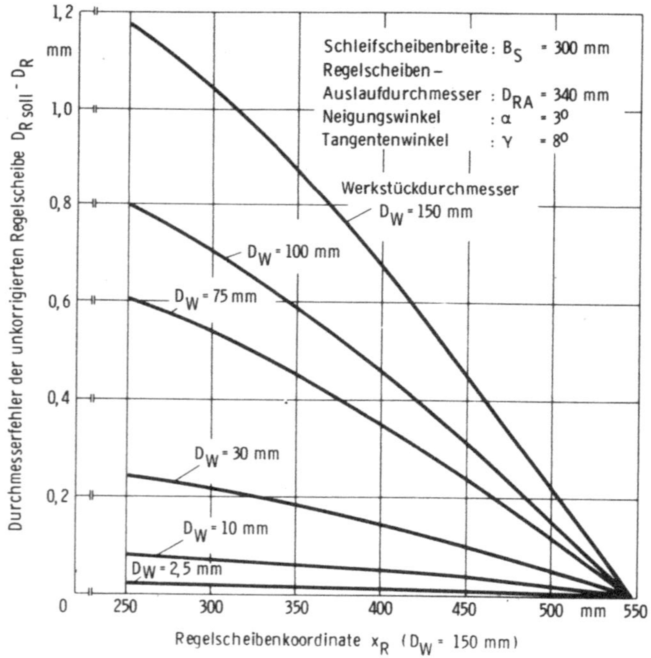

Bild 19: Verlauf des Durchmesserfehlers der unkorrigierten Regelscheibe für verschiedene Werkstückdurchmesser bei konstantem Tangentenwinkel

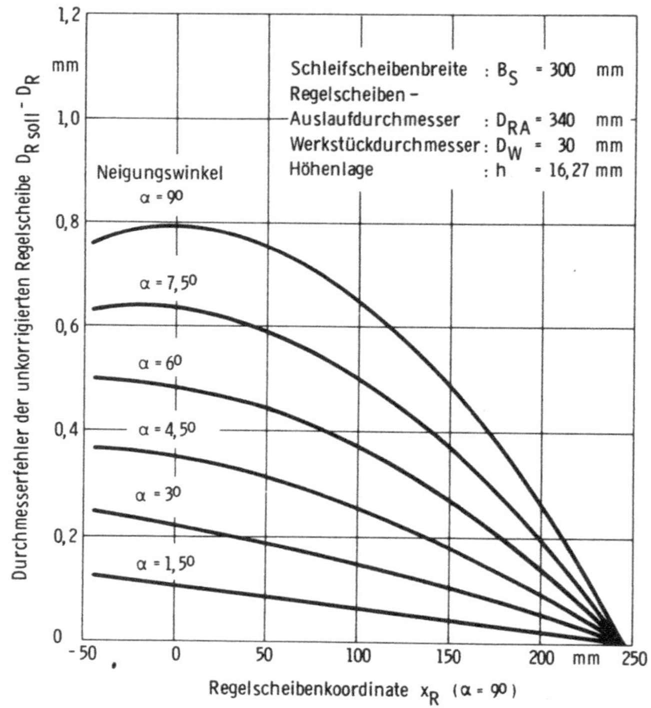

Bild 20: Verlauf des Durchmesserfehlers der unkorrigierten Regelscheibe für verschiedene Neigungswinkel

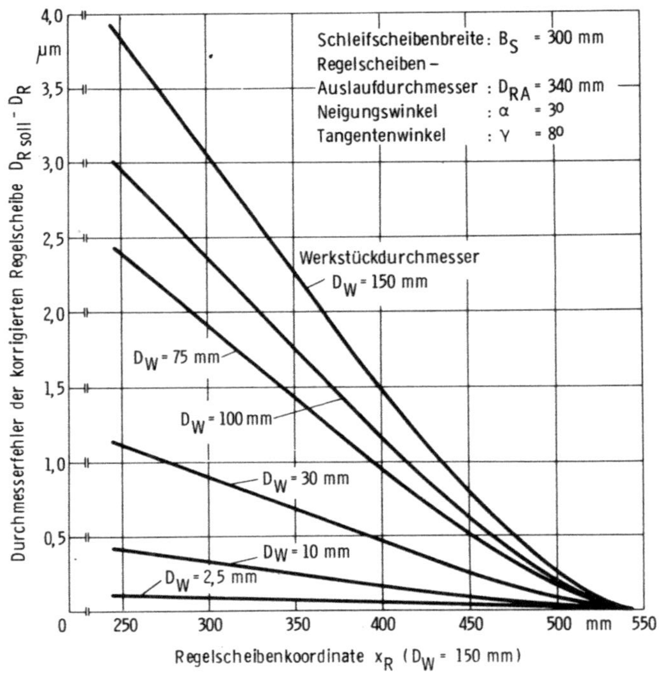

Bild 21: Verlauf des Durchmesserfehlers der korrigierten Regelscheibe für verschiedene Werkstückdurchmesser bei konstantem Tangentenwinkel

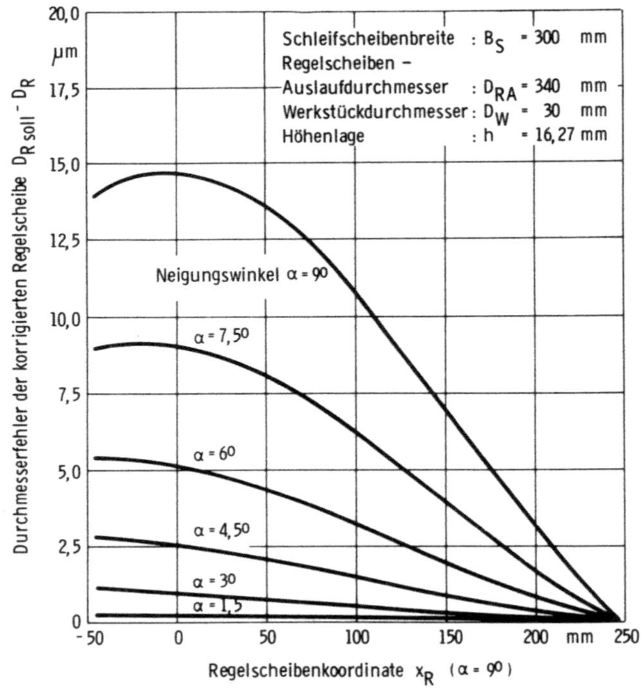

Bild 22: Verlauf des Durchmesserfehlers der korrigierten Regelscheibe für verschiedene Neigungswinkel

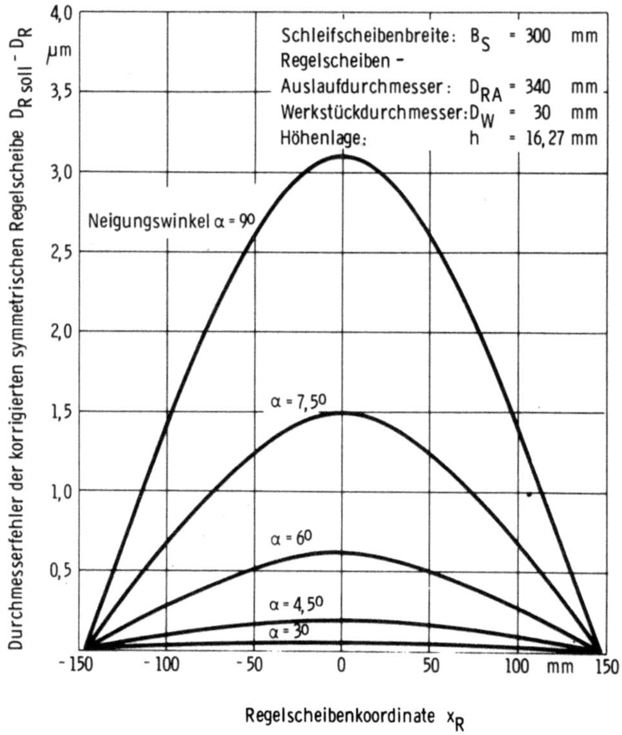

Bild 23: Verlauf des Durchmesserfehlers der korrigierten symmetrischen Regelscheibe für verschiedene Neigungswinkel

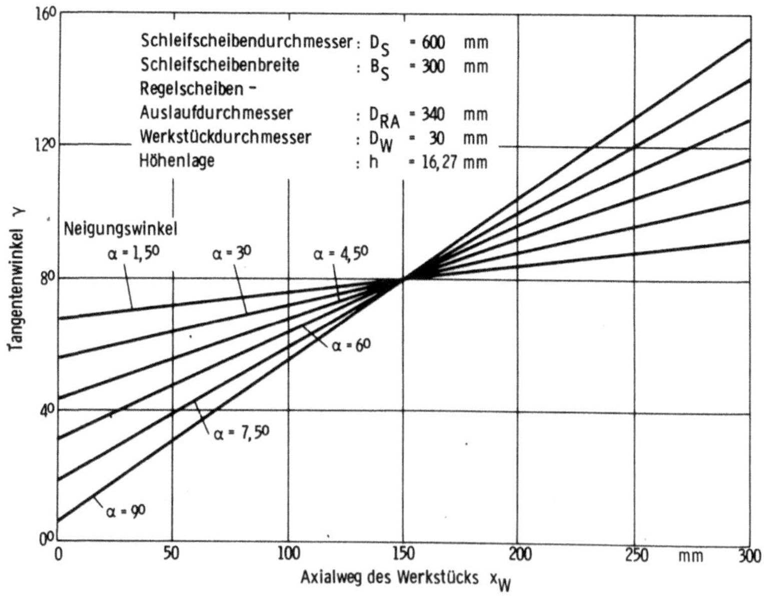

Bild 24: Verlauf des Tangentenwinkels bei verschiedenen Neigungswinkeln

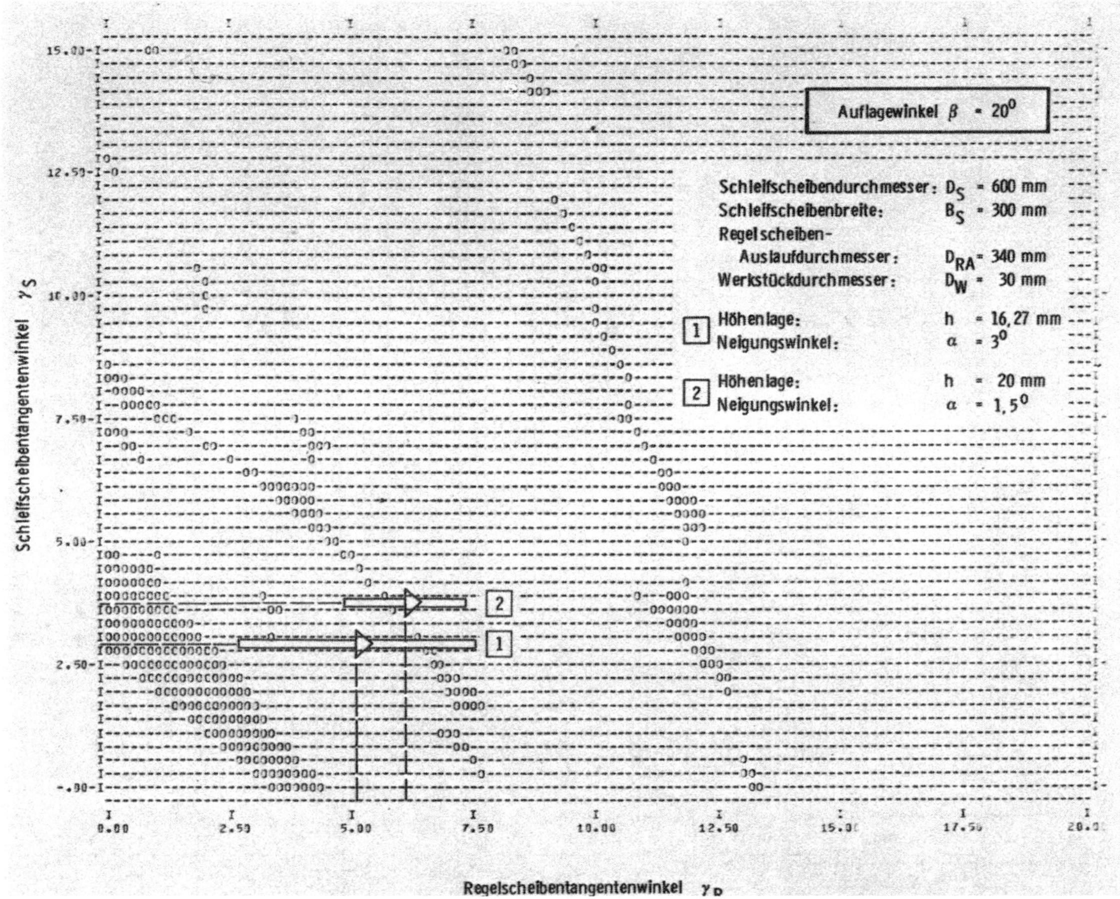

Bild 25: Geometrische Stabilitätskarte für den Auflagewinkel β = 20°

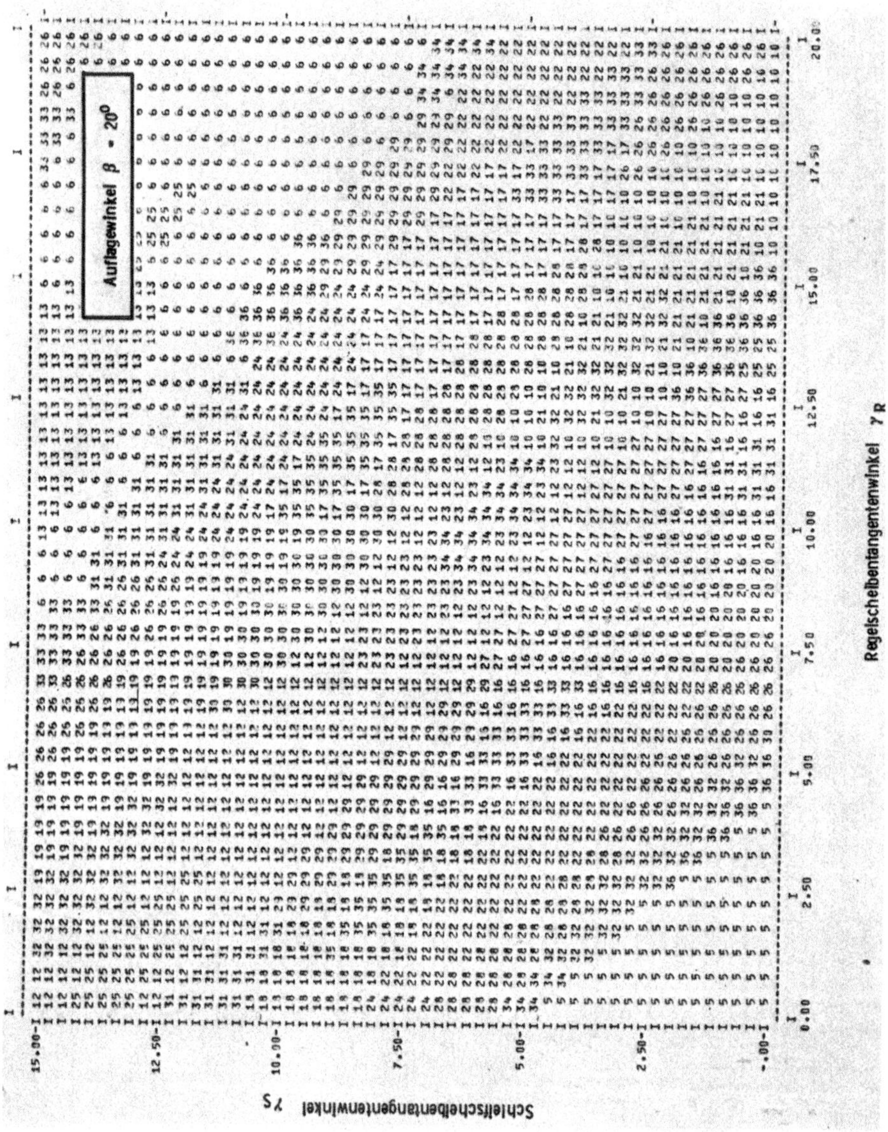

Bild 26: Bevorzugte Wellenzahlen für den Auflagewinkel $\beta = 20^{o}$

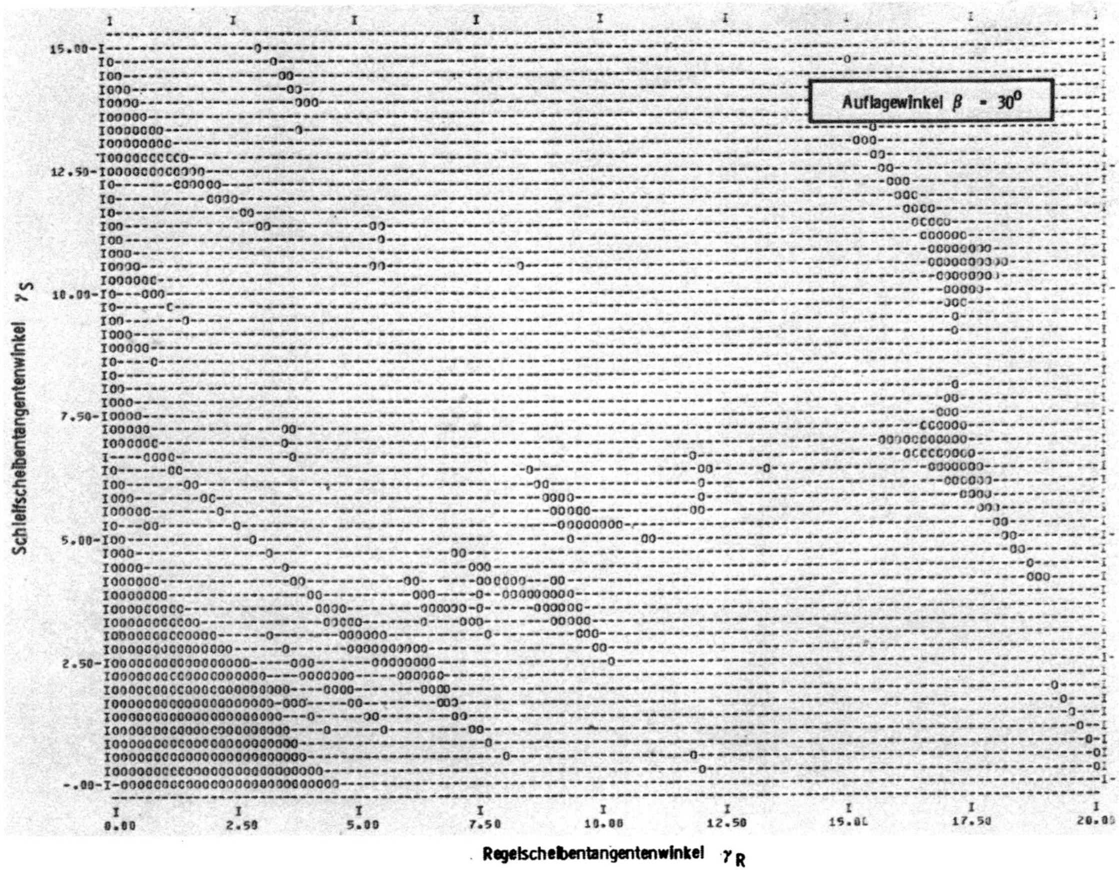

Bild 27: Geometrische Stabilitätskarte für den Auflagewinkel $\beta = 30^{\circ}$

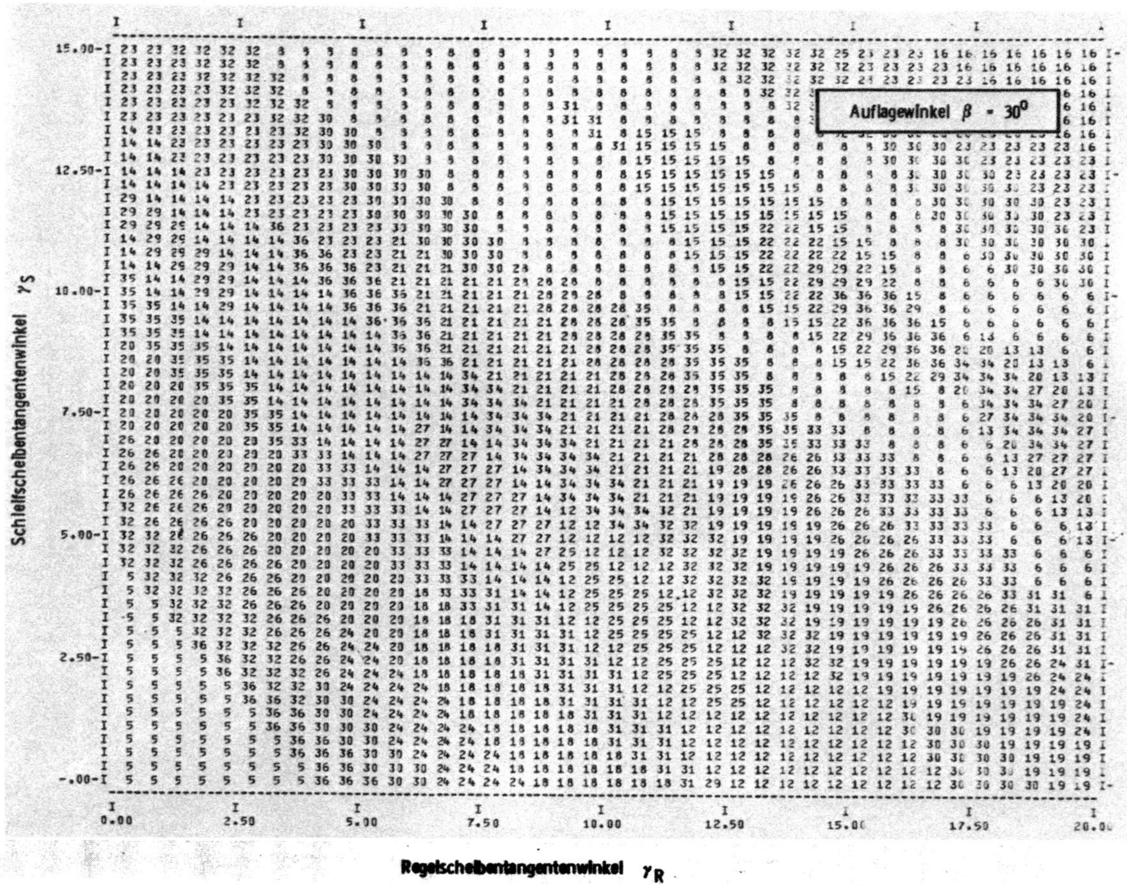

Bild 28: Bevorzugte Wellenzahlen für den Auflagewinkel $\beta = 30^{\circ}$

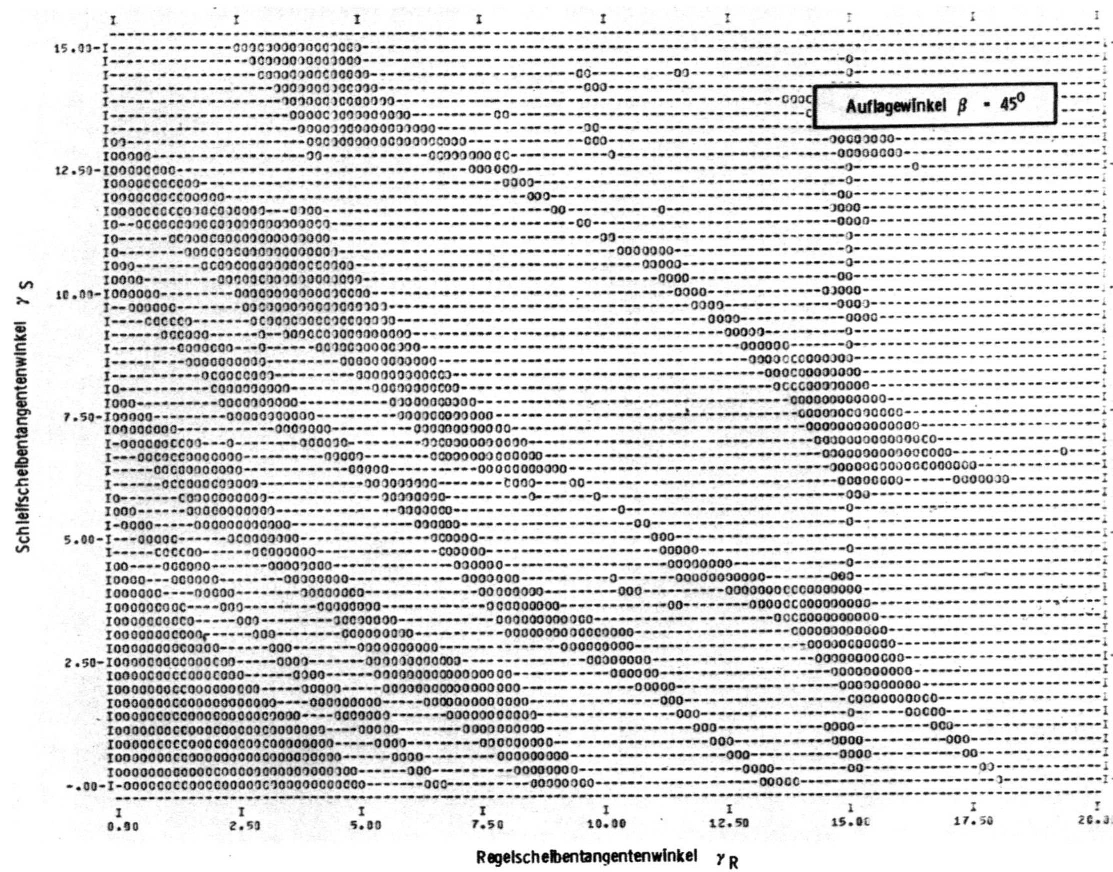

Bild 29: Geometrische Stabilitätskarte für den Auflagewinkel β = 45°

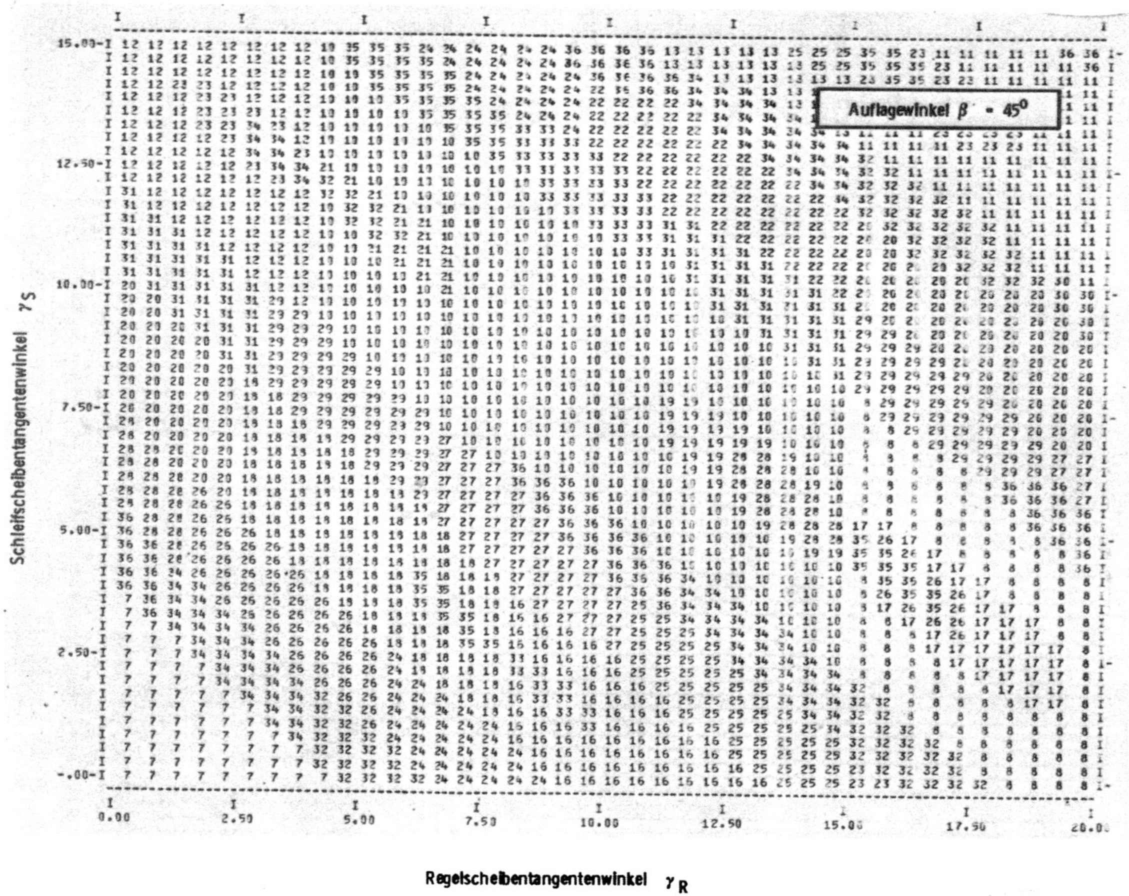

Bild 30: Bevorzugte Wellenzahlen für den Auflagewinkel β = 45°

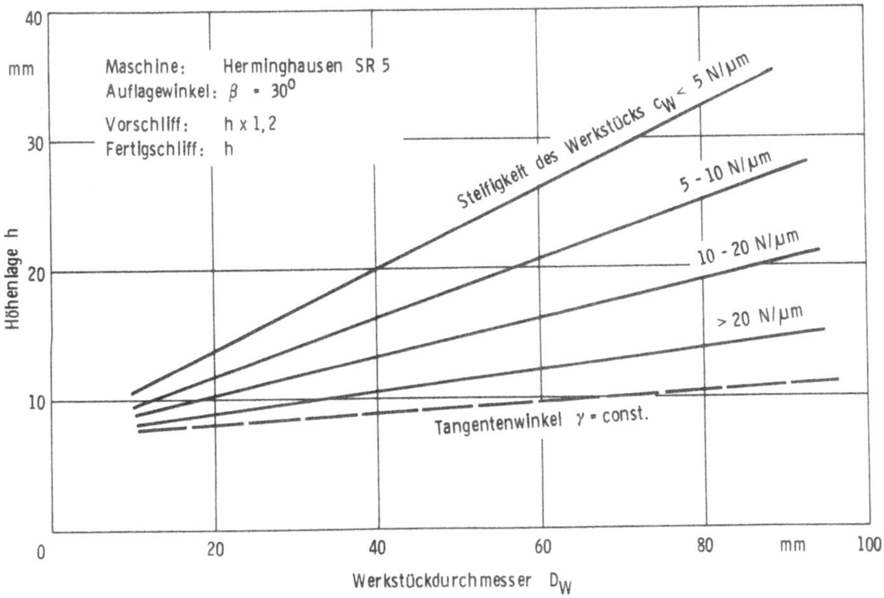

Bild 31: Empirisch optimierte Höhenlage in Abhängigkeit von Durchmesser und Steifigkeit des Werkstücks

Bild 32: Versuchsmaschine

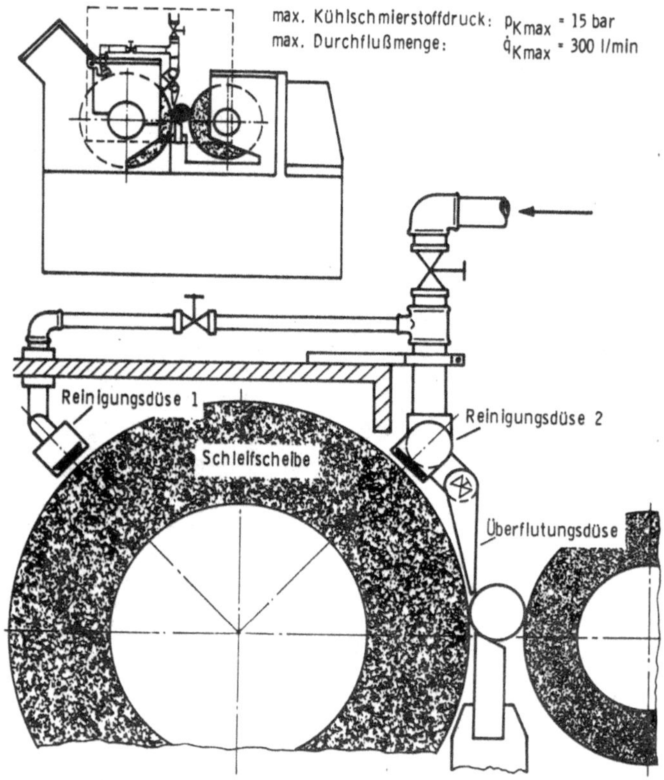

Bild 33: Hochleistungs-Kühlschmierstoffzuführung

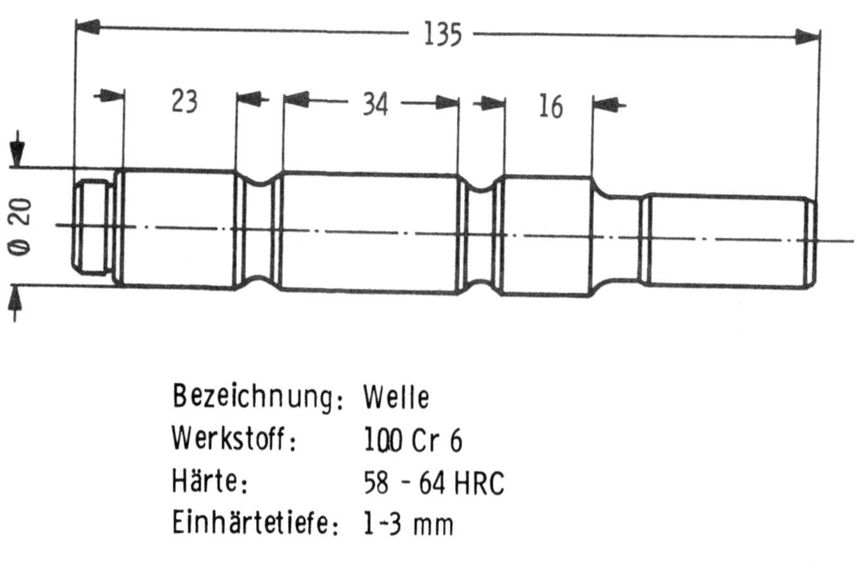

Bild 34: Versuchswerkstück

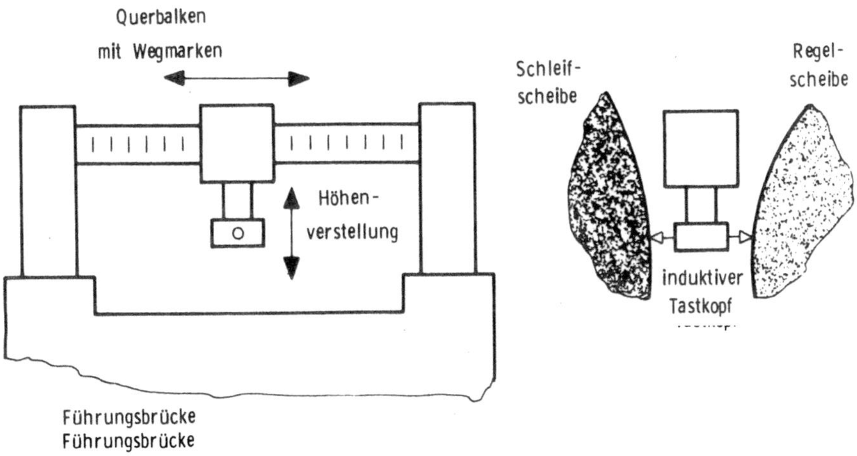

Bild 35: Schema einer Vorrichtung zur Ausmessung der Schleifspaltgeometrie

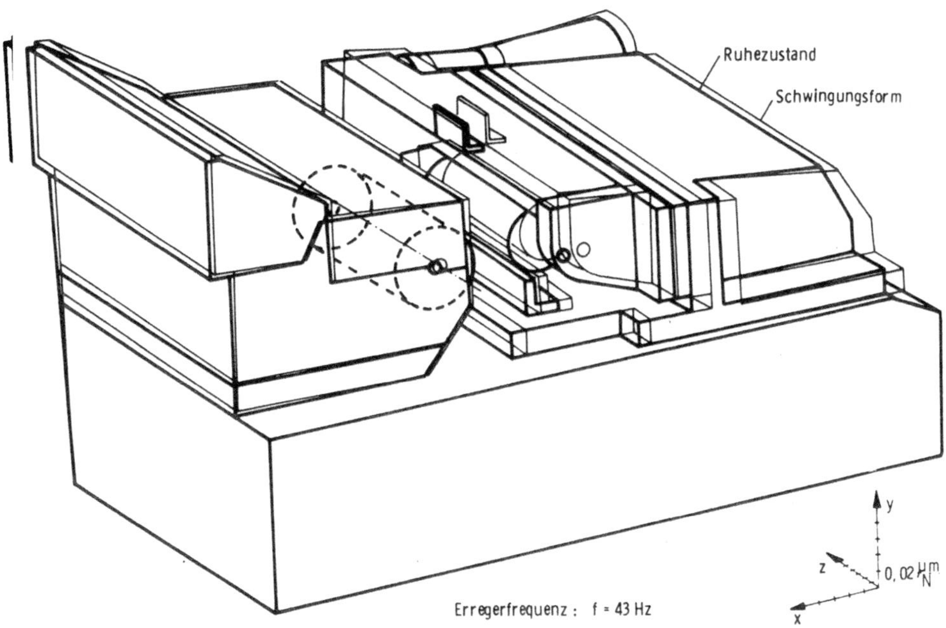

Bild 36: Schwingungsform der Versuchsmaschine bei einer Erregerfrequenz f = 43 Hz

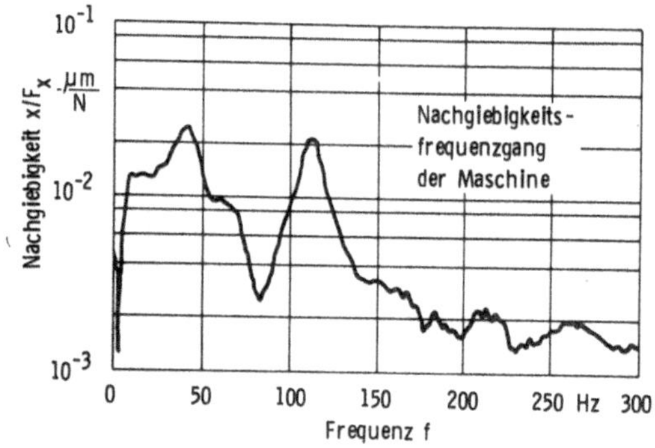

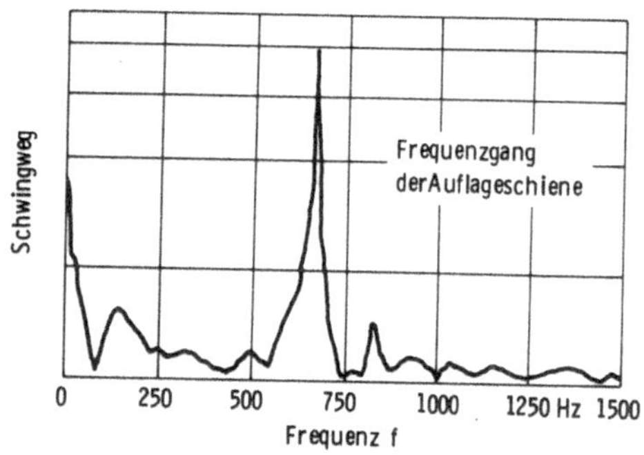

Bild 37: Nachgiebigkeitsfrequenzgang der Versuchsmaschine und Frequenzgang der Auflageschiene

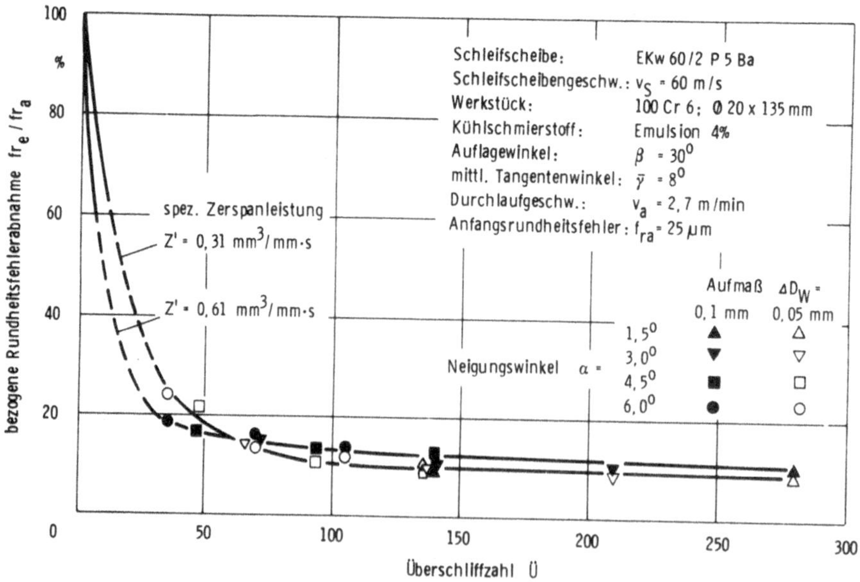

Bild 38: Bezogene Rundheitsfehlerabnahme in Abhängigkeit der Überschliffzahl

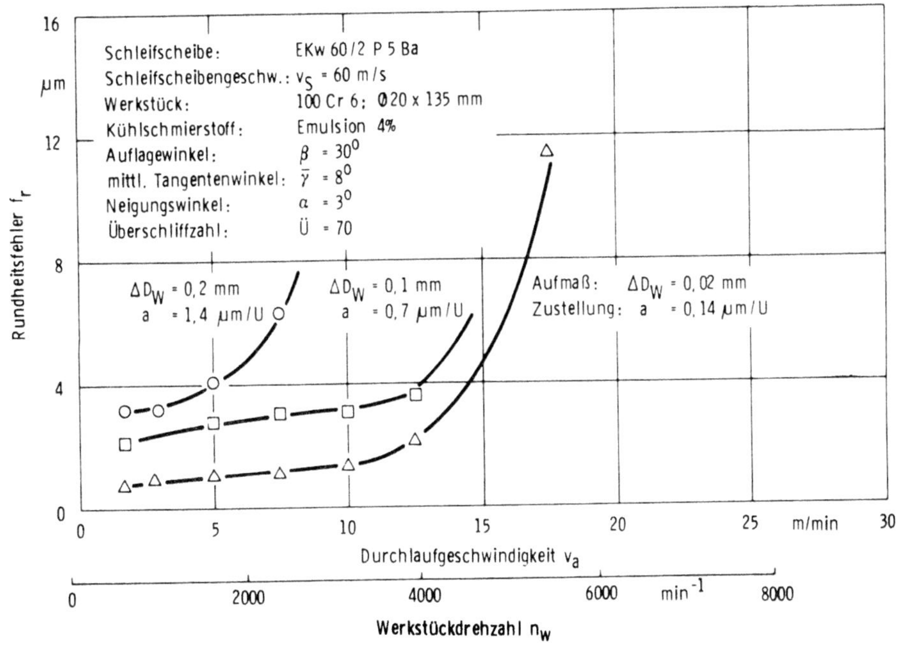

Bild 39: Rundheitsfehler in Abhängigkeit der Durchlaufgeschwindigkeit für den Neigungswinkel α = 3°

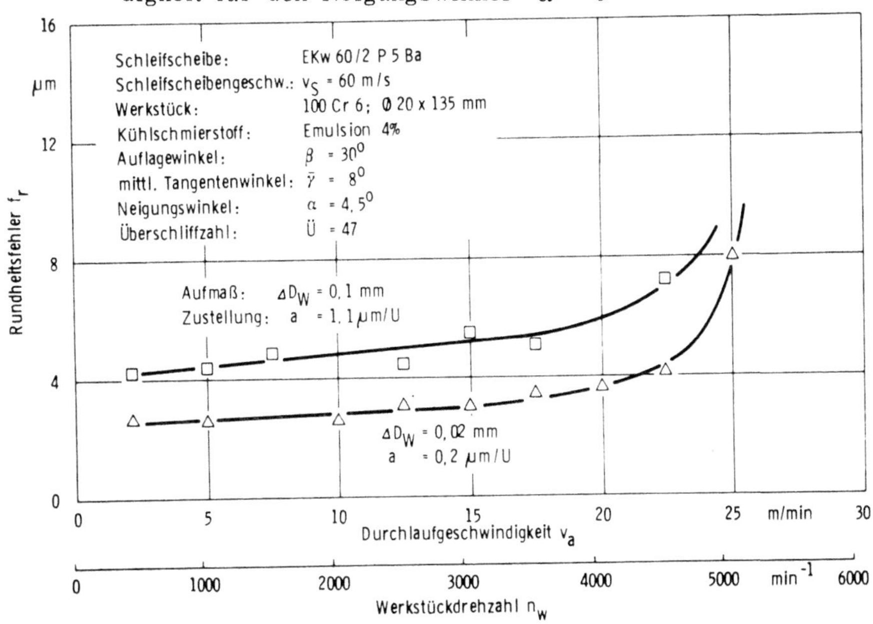

Bild 40: Rundheitsfehler in Abhängigkeit der Durchlaufgeschwindigkeit für den Neigungswinkel α = 4,5°

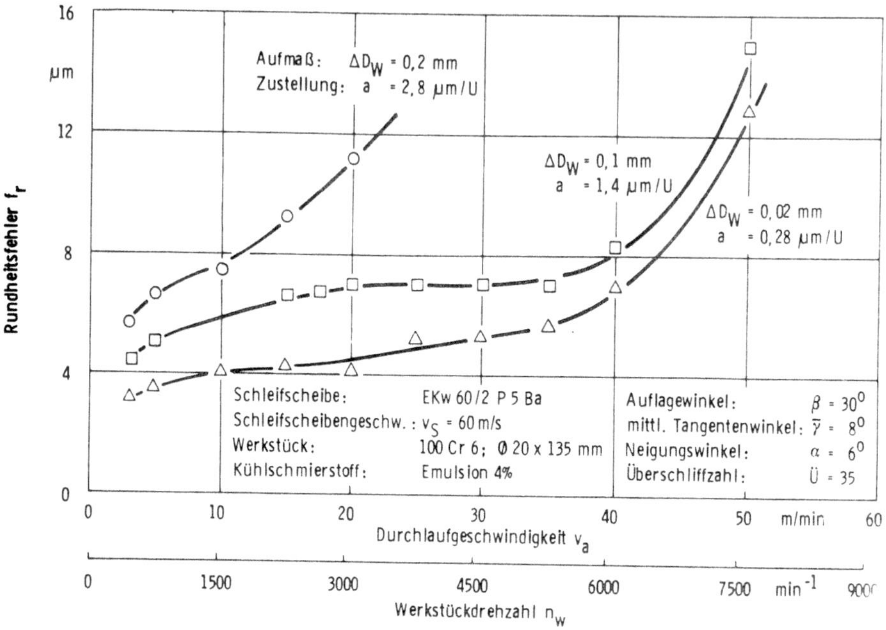

Bild 41: Rundheitsfehler in Abhängigkeit der Durchlaufgeschwindigkeit für den Neigungswinkel $\alpha = 6^{\circ}$

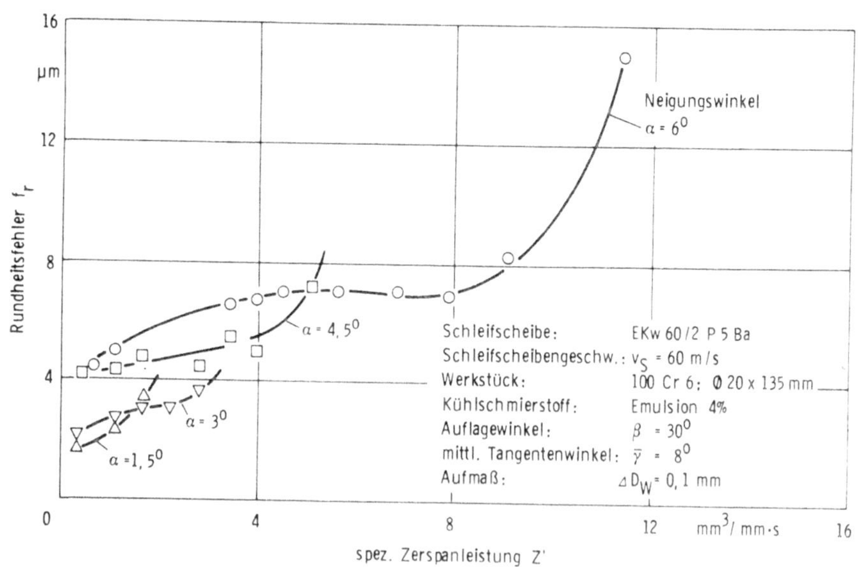

Bild 42: Rundheitsfehler in Abhängigkeit der spezifischen Zerspanleistung unter Vorschliff-Bedingungen

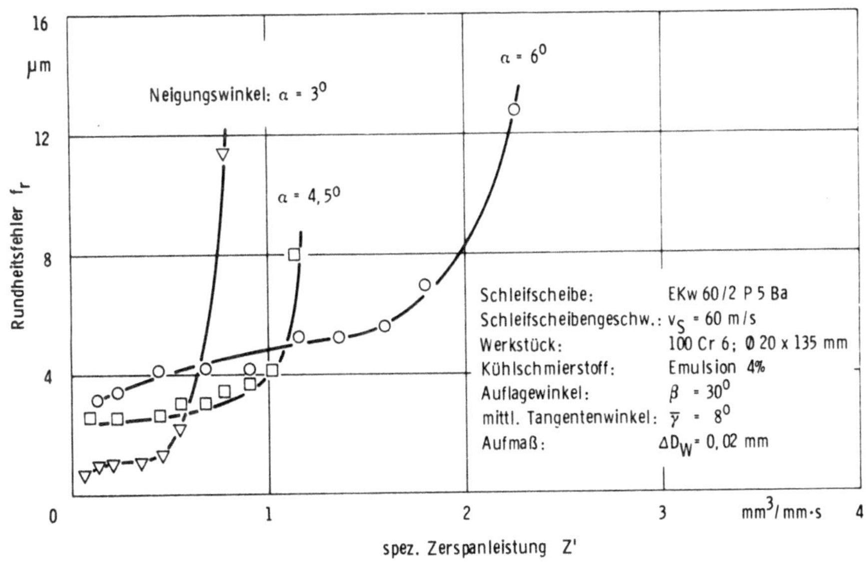

Bild 43: Rundheitsfehler in Abhängigkeit der spezifischen Zerspanleistung unter Fertigschliff-Bedingungen

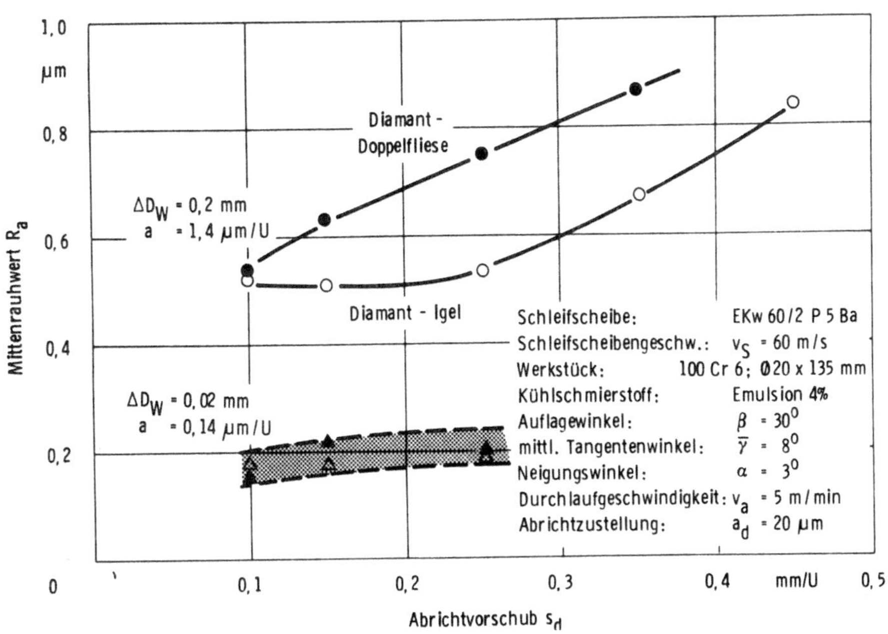

Bild 44: Mittenrauhwert in Abhängigkeit des Abrichtvorschubs und der Art des Abrichtwerkzeuges

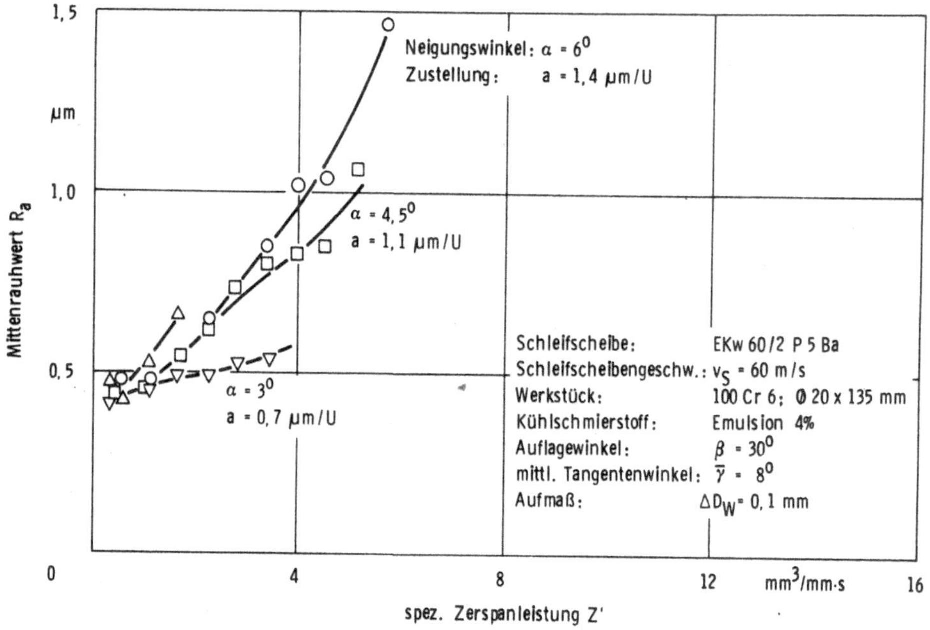

Bild 45: Mittenrauhwert in Abhängigkeit der spezifischen Zerspanleistung unter Vorschliff-Bedingungen

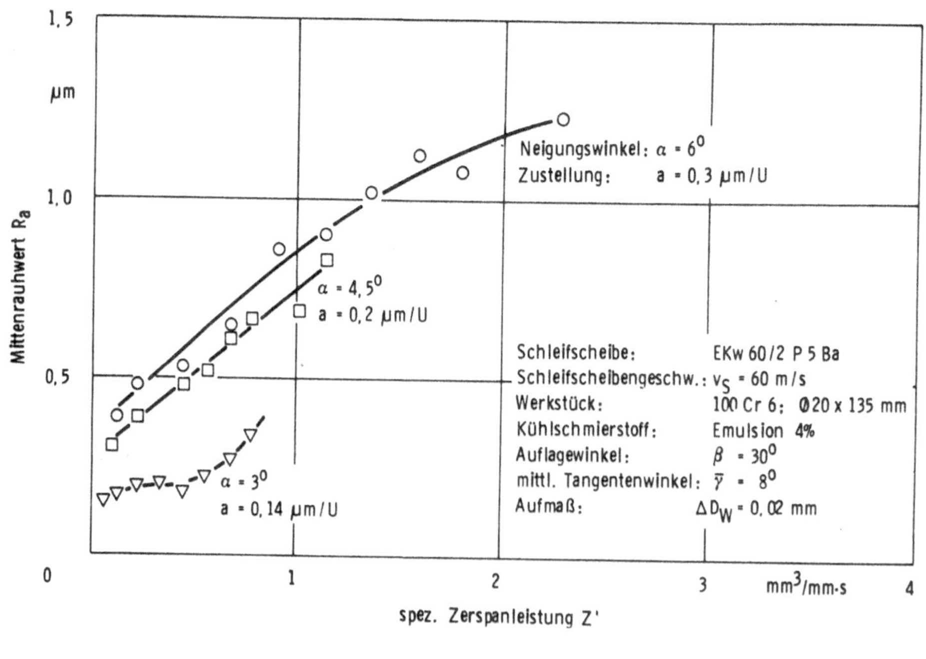

Bild 46: Mittenrauhwert in Abhängigkeit der spezifischen Zerspanleistung unter Fertigschliff-Bedingungen

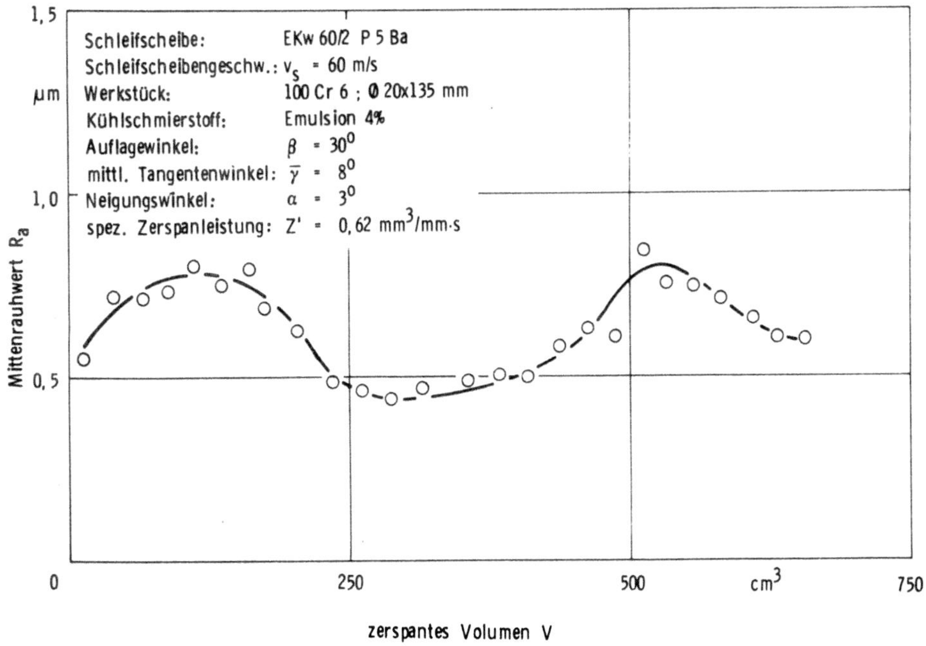

Bild 47: Mittenrauhwert in Abhängigkeit des zerspanten Volumens

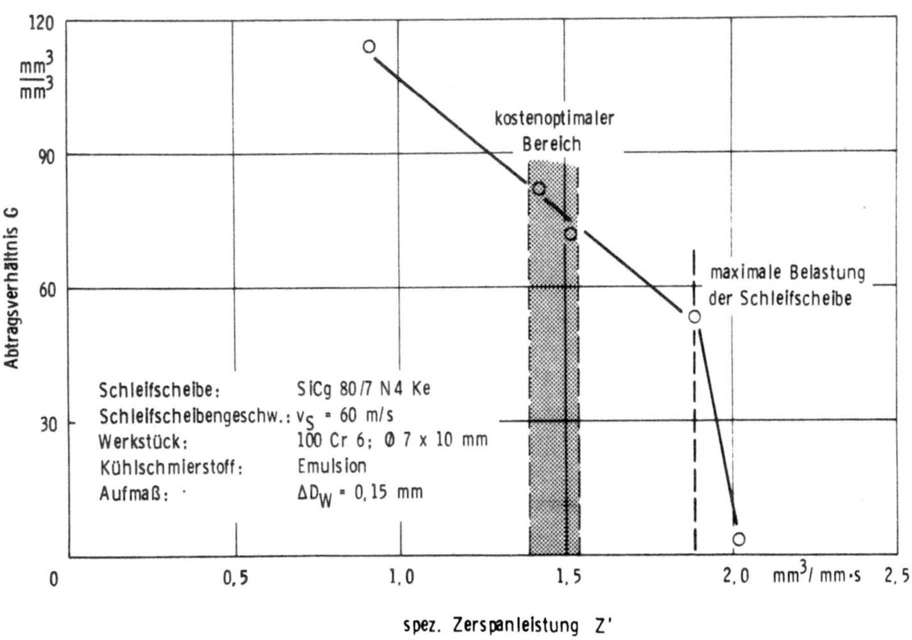

Bild 48: Abtragsverhältnis in Abhängigkeit der spezifischen Zerspanleistung [16]

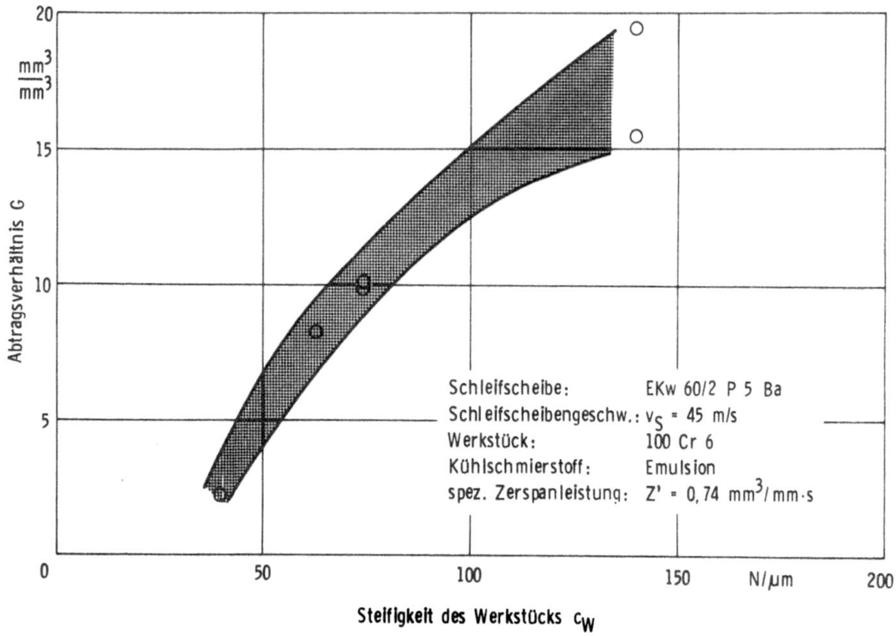

Bild 49: Abtragsverhältnis in Abhängigkeit der Steifigkeit des Werkstücks [16]

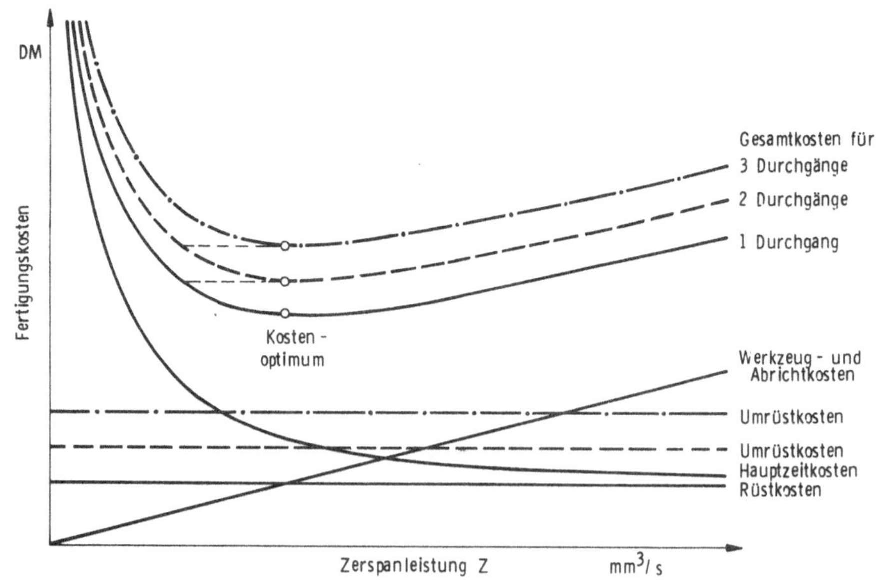

Bild 50: Zusammenhang zwischen Fertigungskosten, Zerspanleistung und der Anzahl der Durchgänge

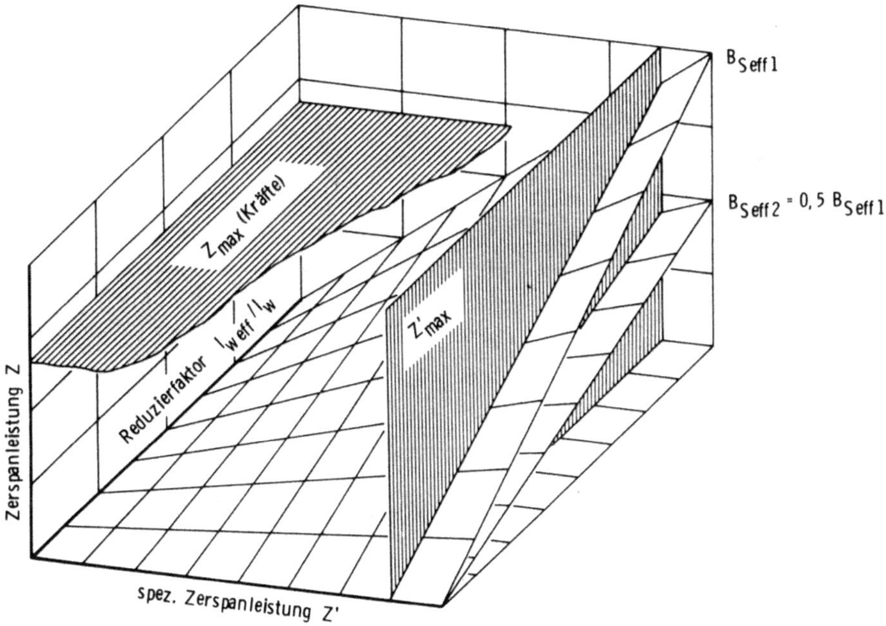

Bild 51: Grenzwerte der Zerspanleistung

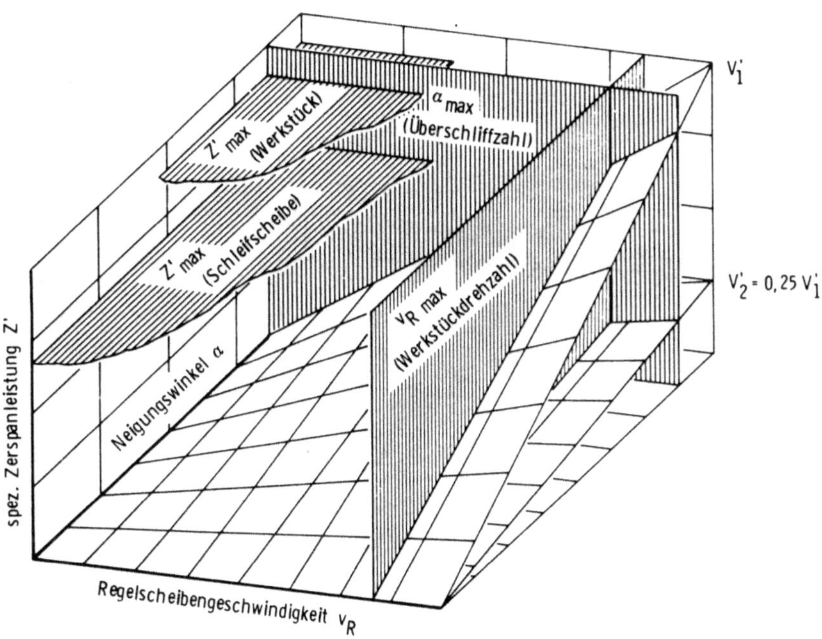

Bild 52: Grenzwerte der spezifischen Zerspanleistung

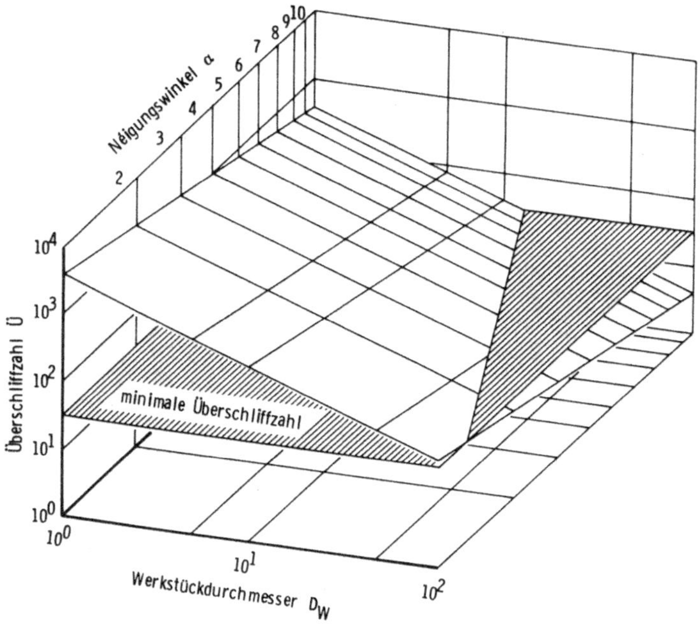

Bild 53: Überschliffzahl in Abhängigkeit des Neigungswinkels und des Werkstückdurchmessers

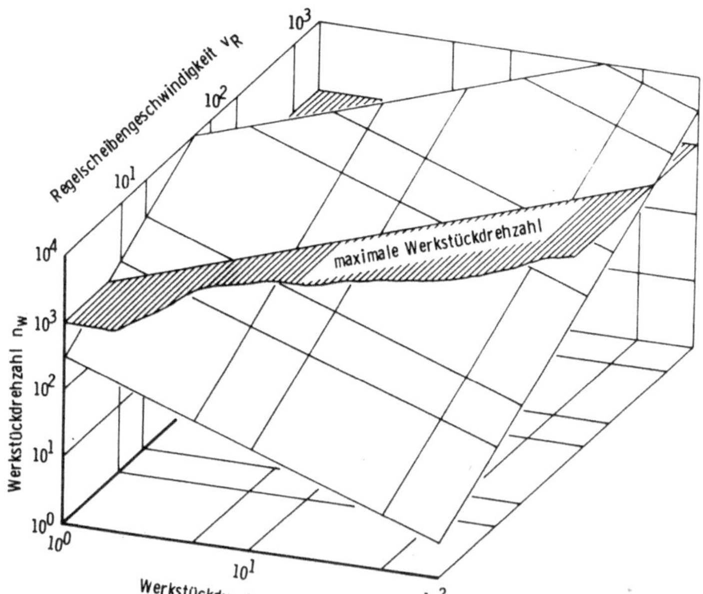

Bild 54: Werkstückdrehzahl in Abhängigkeit der Regelscheibengeschwindigkeit und des Werkstückdurchmessers

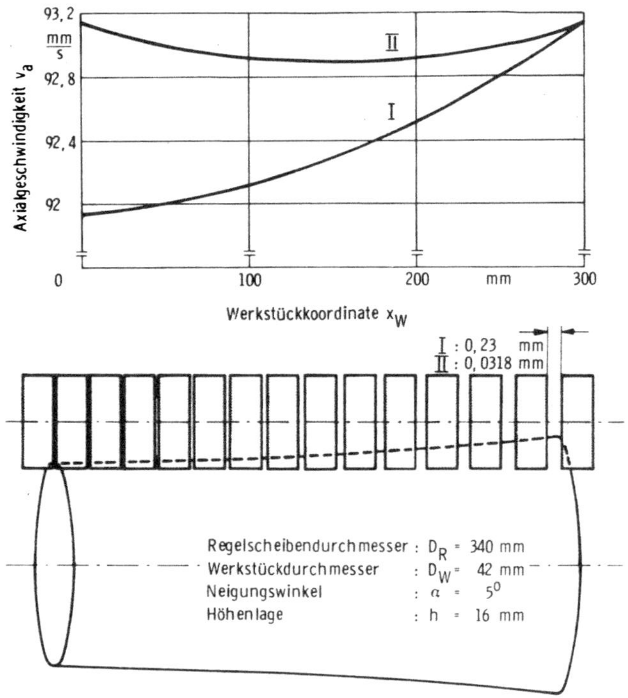

Bild 55: Verlauf der Axialgeschwindigkeit im Schleifspalt

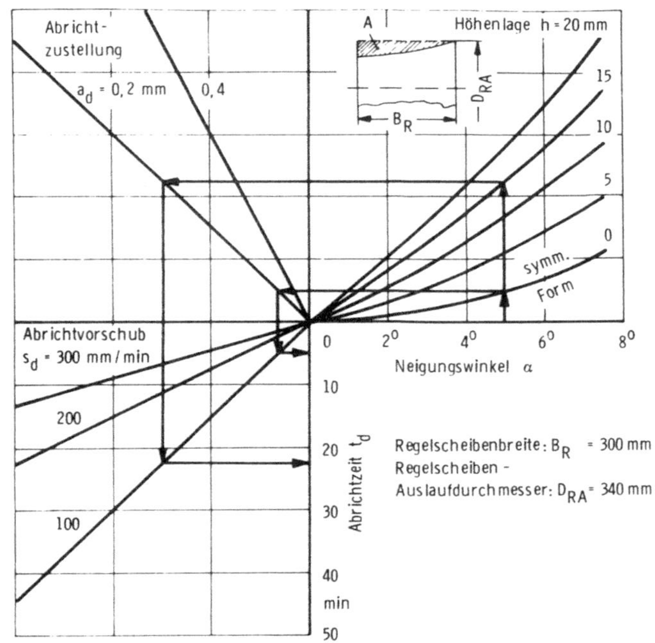

Bild 56: Nomogramm zur Ermittlung der Abrichtzeit der Regelscheibe

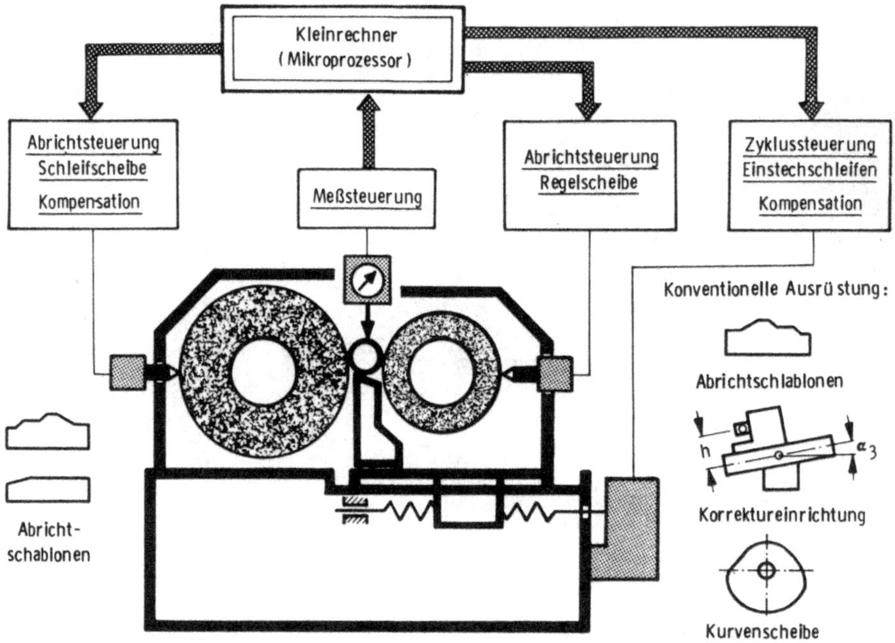

Bild 57: Vorschlag für eine rechnergesteuerte spitzenlose Schleifmaschine

GPSR Compliance

The European Union's (EU) General Product Safety Regulation (GPSR) is a set of rules that requires consumer products to be safe and our obligations to ensure this.

If you have any concerns about our products, you can contact us on ProductSafety@springernature.com

In case Publisher is established outside the EU, the EU authorized representative is:

Springer Nature Customer Service Center GmbH
Europaplatz 3
69115 Heidelberg, Germany

Batch number: 10584556

Printed by Printforce, the Netherlands